养老建筑设计实例分析：国内篇

Case Studies on Architecture Design for the Aged: Domestic Volume

周燕珉　李广龙　等编著

中国建筑工业出版社
CHINA ARCHITECTURE & BUILDING PRESS

前 言

随着我国老龄化程度的逐渐加深，国内养老项目的建设发展迅速。然而，我们在养老建筑的设计实践上仍处于起步阶段，亟须探索出适合中国国情的设计思路与范式。

许多发达国家也经历过类似的阶段，经过长期的探索形成了成熟的养老建筑设计方法。为了学习研究国外经验，本书编写团队在疫情前每年都会组织出国考察，近年来已赴荷兰、丹麦、德国、美国、日本、新加坡、澳大利亚等国，实地参观调研优秀的养老建筑案例，挖掘其中值得中国借鉴和学习的优点。同时，编写团队注重理论与实践相结合，在学习、整理国外相关经验的基础上，力求将其应用于国内的养老建筑实践中。近年来，编写团队策划、设计、咨询的国内各类养老建筑项目已达百余项，很多项目已建成落地，成为行业内的典范。在不断推敲项目方案的过程中，我们也得到了许多经验和教训，累积了一些心得体会。

因此，为了将上述国外、国内研究与实践的经验总结落地，本套图书选取了16个国外、15个国内的代表性案例进行梳理分析，分国际篇、国内篇两册，本册为国内篇。本系列书籍涵盖养老建筑的主要类型，力求向读者深刻全面地呈现当今养老建筑先进、成熟的设计理念与经验。

在编排方式上，本套图书采用了两条线索。一是按照地域属性分为国外、国内两册；二是以"1+N 标签云"（一种建筑类型 + 多种设计与运营特色）的形式索引，方便读者从不同维度查找和阅读。

在内容呈现上，本书试图打破建筑案例类图书"文字线性单调""配图深度不足"的传统问题，实现"图—文多重交互"。具体体现在：

①一页一主题，阅读有重点；

②将视觉焦点引导到图上，先看图，再看配合的文字，提高阅读效率；

③避免简单的描述介绍，注重呈现案例的深度研究；

④不仅呈现案例的最终特点，而且深入分析设计过程中的优化与推敲。

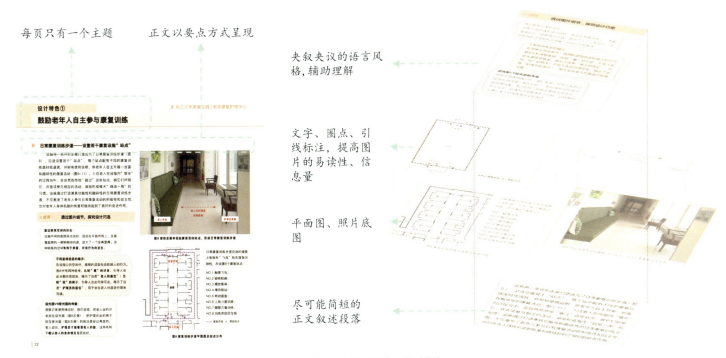

本书"图—文多重交互"的版式拆解

从学术价值上，本书通过深入的案例研究，提炼其背后的关键科学问题，总结不同类型养老建筑的设计范式，并通过具有多重交互性的图文进行呈现。不仅能够推动养老建筑设计领域的研究进展，而且探索了建筑学学科知识库的创新表现形式。

从应用价值及社会需求上，目前很多设计人员对养老建筑项目的接触不多，缺少深入的理解，运营从业者的需求常常被建筑空间、动线等制约，空间设计与运营服务之间存在脱节。因此，本书主要面向建筑设计从业者、养老项目开发运营者，并兼顾政府管理人员、科研人员及相关专业学生，力求内容深入浅出，使各类群体均能学习借鉴，培养出专业的养老行业从业人员，避免错误的建设和设计方法造成资源的浪费，使我国养老事业的投入能够被高效利用。

2024 年春于清华园

导言
我国养老服务设施发展历程简述

自我国于 1999 年正式进入老龄化社会以来，养老产业受到了全社会越来越多的关注，并且在 20 余年的发展过程中取得了长足的进步——养老服务设施的数量从少到多，类型从单一到丰富，开发运营模式也在不断成熟。下面对这一发展历程进行简要回顾，并在此基础上提出对未来发展趋势的展望。

▶ 2000 年至 2010 年代初期：追求床位数，"供需不对位"

这个时期是我国养老产业的起步阶段，大多数养老服务设施的开发主体还缺乏相关的经验和知识积累，所开发的项目也并未全面而切实地解决老年客群的需求，以下分为民间资本和政府两大类进行简要说明。

开发主体①：民间资本

代表建设类型：远郊超大规模养老社区

部分民间资本在进入养老产业的初期，开发建设存在一定的盲目性，按照房地产"规模化、集群化"的开发模式，在城市远郊的风景区购置大片土地，规划建设规模达到几千床，甚至上万床的超大型养老社区，并且参考美国太阳城式的养老社区，配置洋房、公寓、别墅等多类居住产品（图1）。

此类项目希望依托于风景区优势和规模效应，大量、快速地吸引健康老人入住，但事实证明，这种开发模式未能切中老年人对于养老服务的基本需求——选址远离城市，家属探望不便，且医疗、商业、生活服务等配套设施缺失。这些都导致老年人的入住意愿并不强烈。另外，这类项目会被社会认为有"挂羊头、卖狗肉"的嫌疑，投资者的真实动机是通过变相做房地产生意而快速回收资金，社会"口碑"不佳。最终，此类项目部分"暴雷""烂尾"，部分在建成后入住率很低，呈现一片"空城"的局面。

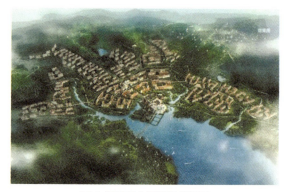

图 1 远郊超大规模养老社区

开发主体②：政府

代表建设类型：城市核心区福利院、敬老院

同一时期，位于城市核心区的多数养老机构，仍为政府主导投资建设、改造的福利院或敬老院。这类设施建成年代普遍较为久远，硬件条件不佳，老人居室以多人间为主，缺少私密性（图2），且娱乐活动、康复医疗、生活服务等空间相对匮乏。对于普通工薪阶层客群而言，因其价格优惠，存在"一床难求"、入住排队时间可能长达数年的问题；而对于中高端客群，其养老需求仍然无法得到充分满足。

图 2 福利院、敬老院以多人间为主

通过上述简要回顾可见，此段时期的养老服务设施类型相对单一，一些民间资本所做出的投资尝试也未能切中养老需求的要害，无法满足老年客群日益增多的养老需求。在这一背景下，市场急需更多的开发主体，来开发建设更加多样化、更有针对性的养老服务设施。

▶ 2010年代初期至今：开发主体多样化，建设"有的放矢"

随着我国人口老龄化程度的逐渐深化，社会各界对于养老产业给予了更多的重视。2012年，从中央到地方，鼓励社会资本进入养老产业的政策不断推出。例如民政部发布的《关于鼓励和引导民间资本进入养老服务领域的实施意见》，其中首次提及"民间资本举办的养老机构或服务设施，可以按照举办目的，区分营利和非营利性质"，这就为民间资本在养老领域探索更加成熟的商业模式提供了政策支持。而后的2013年被业内普遍称之为"养老元年"，因为在这一年有很多不同类型的开发主体进入了养老产业的领域，带动了我国养老产业的快速发展。

开发主体①：地产系

代表建设类型：中高端养老社区、养老机构

2014—2019年，我国房地产业处于高峰期。为了迎接老龄化社会所带来的挑战与机遇，很多地产系企业开始积极转型，投身于养老产业。以华润、中海为代表的央企，以及以绿城、乐成、银城为代表的民营房企，建设了一批高质量的养老社区和养老机构（例如本书案例7、案例9、案例15）（图3、图4）。这些项目普遍位于城市近郊，居住品质较好，且强调与医疗资源的有机结合，能够吸引城市内中高端老年客群入住。

图3 学院风、高品质的养老机构

不过，这类项目仍然存在一定问题。地产系企业习惯于以卖房为主的商业模式，追求较高、较快速的现金流。但是，养老项目的投资回报周期往往较长，根据相关经验证明，养老项目一般在入住率达到70%～80%时才能实现运营上的盈亏平衡，一般5～10年才能回收建设成本，之后才可能慢慢产生收益。可见，相比于其他类型的地产项目，养老项目在投资回报上呈现长期、微利的特点。正是对这一点的认识和准备不足，导致这一时期的很多地产系企业在资金链运转上出现了一定困难。

图4 功能配套丰富的养老社区

开发主体②：险资系

代表建设类型：近郊持续照料退休社区（CCRC）、城心养老

险资系企业以保险服务为基础，陆续推出了面向老年人的养老+保险服务模式。近十年来，以泰康人寿、太平洋保险为代表的险资巨头，逐步布局一线城市，在城市近郊开发建设系列式的CCRC养老社区（例如本书案例14）（图5）。这类社区配有公寓式的居住单元，以及集中式的公共会所，主打服务低龄、健康老人，同时配套有一定的护理、医疗设施，解决了老人将来身体状况发生变化需要护理服务支持的后顾之忧。

近几年，随着社会经济环境的进一步变化，部分保险公司也将目光转向了城内，开始建设城市核心区的中小规模养老服务设施。例如，大家人寿打造"城心养老"的概念，在城市核心区利用旧有建筑改造为养老服务设施（例如本书案例12），不仅让城市内部的中高端客群实现了就近养老的愿望，而且符合城市更新对于旧有建筑资产改造的现实需求。

近期，为了响应国家对于居家适老化改造的号召，以平安保险为代表的险资企业积极投身居家改造之中，通过入户调研探索居家适老化评估与改造的措施手法，并且希望搭建公共平台，为设计师、设备供应商、老年客户的协同融合探索路径。

开发主体③：政府

代表建设类型：高标准的养老项目、社区配套设施

随着居民生活水平的提高，政府主导建设的养老项目也在逐渐提高标准。2022年出台的《"十四五"国家老龄事业发展和养老服务体系规划》就将"优质高效"列为了养老服务供给的发展目标之一，提出要多层次、多样化地推进养老服务优质规范发展。本书案例2、案例8即为政府相关部门在新时代背景下投资建设的养老项目，其具有高标准、多功能等特点，可一站式满足自理、护理、失智等多种老年客群的养老需求。

在社区养老层面，国家发展和改革委员会等21个部门在2021年联合发布了《"十四五"公共服务规划》，其中明确提出在新建城区、居住（小）区中配建养老服务设施，发展社区养老服务网络，打造"15分钟养老服务圈"，形成政府保障基本、社会多元参与、全民共建共享的公共服务供给格局。本书案例11即为此类设施，项目位于居住区一角，虽规模不大，但"五脏俱全"，包含日间照料、社区餐厅、长短期入住等养老服务，可就近便捷地服务周边社区的老人（图6）。

图5 位于城市近郊的CCRC养老社区

图6 住宅区配建的养老服务设施

开发主体④：其他民间资本

代表建设类型：多样化的养老服务设施

近年来，来自多个领域的民间资本积极投身养老产业，依托各自原有优势（如运营、医疗条件）或既有资源（如旧建筑）等开发建设多样化的养老服务设施。本书案例5广东佛山乐善居颐养院，结合原有医疗资源，利用旧仓库改造为养老设施；案例6北京长友养老院，依托既有的养老服务资源，拓展开发认知症照料中心，探索日益受到社会关注的认知症照护模式（图7）。

图7 民间资本所建认知症照料中心

通过上述梳理可见，我国养老服务设施已呈现"百花齐放"的格局，从郊外超大规模养老社区、大型的CCRC养老社区，到城市核心区的中小规模养老机构、社区配套设施等，多种类型已基本覆盖。当然，对于不同老年客群更深层次的需求满足也还在积极探索中。

▶ 未来发展特征

通过对我国社会、经济发展趋势和人口老龄化发展特征等具体国情的判断，并且结合其他老龄化先行国家的发展经验，笔者团队认为我国的养老服务设施在未来一定时期内将呈现如下的发展特征：

①规模缩小，服务质量提升

随着社会经济的变化，新建、大投入、大规模的养老项目将在一定时期内逐渐减少，养老项目的普遍规模将会控制在几百床以内。根据调研经验，一些养老项目的主管人员认为200~300床以内的养老项目更加利于熟悉每一位老人的需求从而提高服务质量。近期，一些小规模的养老项目已将规模控制在几十床，以实现更加高标准的精细化照护。

我国的养老项目规模经历了从几千床到几百床的发展过程，将来可能发展为利于精细管理服务的几十床。从床位规模的转变可见，未来我国养老服务设施的建设将会更加"重质"，而不是"重量"。

②向城心靠近，挖掘城市内部旧有资源

随着居家养老、社区养老的理念愈加普及，越来越多的老年人会选择在"家门口"养老。为了满足这一需求，未来将有更多的养老项目利用城市内部的社区配套用房、办公用房、厂房、仓库等旧有资产进行改造。可以预见，在未来一段时期内，可能仅有少量新建项目位于城市郊外，大量的、位于城市内部的改造类项目将会是养老服务设施开发建设的主体。

③转型服务，多元结合

随着人们对于养老服务认知的加深，人们逐渐认识到，养老不单纯是提供房子和照料，而是要结合多元服务的一种长期生活模式。因此，社会各界开发主体都在积极寻求转型与多元发展，例如地产系企业综合多项城市服务，险资系企业结合医疗、保险，政府力推打造综合全面的社区服务网络等。这些都在预示着，未来我国的养老服务设施将会更加综合、更加多元，不同商业模式、不同服务类型的养老项目将会陆续出现。

目 录

养老建筑设计实例分析：国内篇

主笔人：周燕珉
统稿人：李广龙

各篇执笔参与者

前言	周燕珉	
导言　我国养老服务设施发展历程简述	周燕珉　李广龙	
1. 北京泰颐春养老中心	周燕珉　陈星　罗鹏	011
2. 深圳南山社会福利中心三期	周燕珉　陈瑜　冯潇逸	029
3. 北京朝阳区第二社会福利中心	周燕珉　陈瑜	043
4. 江苏张家港澳洋优居壹佰老年公寓	周燕珉　李广龙	055
5. 广东佛山乐善居颐养院	周燕珉　陈瑜　李雪滢	068
6. 北京长友养老院认知症照料中心	周燕珉　李佳婧　冯潇逸	079
7. 江苏南京银城君颐东方康养社区	周燕珉　李广龙	091
8. 江苏昆山巴城镇养老社区	周燕珉　陈星　李广龙	101
9. 北京瀛海悦年华·颐养中心	周燕珉　方芳	111
10. 北京丰台德润里养老院	周燕珉　秦岭	121
11. 北京丰台分钟寺颐养中心	周燕珉　丁剑秋	131
12. 北京大家的家·朝阳城心养老社区	周燕珉　陆静　李广龙	139
13. 北京有颐居中央党校养老照料中心	周燕珉　李广龙　张昕艺　丁佩雪	151
14. 四川成都太保家园养老社区一期	周燕珉　李广龙	161
15. 广西南宁芳华里养老社区	周燕珉　李广龙	171

" 泰颐春养老中心采用"回"字形的建筑形体，自然形成了中庭空间和建筑内部的回游动线。设计团队通过有针对性的户型设计，将公共空间复合利用，并对后勤服务用房进行合理规划，满足了老年人的居住、活动和护理需求。

\# 护理型养老设施

\# 回形平面

\# 紧凑型单人间

\# 复合型活动空间

1

北京泰颐春养老中心

- 所 在 地：北京市丰台区
- 开 设 时 间：2017年
- 设 施 类 型：护理型养老设施
- 总用地面积：7704.62m²
- 总建筑面积：15078m²
- 建 筑 层 数：地上5层，地下2层
- 床 位 总 数：190床
- 居 室 类 型：单人间、双人间、四人间、套间
- 开 发 单 位：北京泰颐春管理咨询有限公司
- 设 计 团 队：清华大学建筑学院周燕珉居住建筑设计研究工作室

项目概述

北京 | 泰颐春养老中心

成熟居住社区中的养老服务板块

▶ **项目区位概况及定位概述**

泰颐春养老中心位于北京市丰台区南三环与四环之间的石榴庄地区（图1、图2），周边城市配套完善，交通便利，距离地铁宋家庄站约500m（图3、图4）。该区域具有人口密度高、收入差距大、老龄化程度高的特点，但是区域内养老床位供给不足，亟须一所能够满足当地老年人居住需求的养老设施。

项目最终定位为一所以机构式养老服务和康复服务为主的护理型养老设施，主要服务对象为需要专业护理的老年人，包括失能老人、认知症老人等，同时少量兼收高龄自理老人。

图2 项目地理位置示意图

图1 项目所在地石榴庄地区照片（摄于2016年）

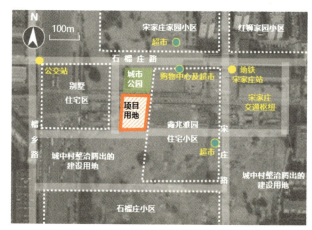

图3 项目周边用地情况及配套设施分布示意图

▶ **项目主要设计理念**

场地限高为18m，东西方向短，南北方向长，并受到东侧住宅楼群的日照遮挡，给场地总体布局和建筑形体设计带来一定的难度。根据这些情况，并综合考虑环境景观质量、护理服务效率等因素，设计团队提出了如下三个设计理念：

设计理念1： 紧凑利用土地，优化场地环境景观质量

设计理念2： 科学选择楼栋形式，充分提高护理效率

设计理念3： 丰富户型种类，满足老年人的不同居住需求

图4 泰颐春养老中心鸟瞰效果图

规划设计
匹配建筑设计需求紧凑利用土地

▶ 总体规划布局

项目场地的总体布局主要包括两个部分，养老服务中心建筑和老年人活动花园：

养老服务中心建筑 位于场地北侧，分为地上 5 层、地下 2 层。其中，首层主要为公共服务配套用房，地上二至五层为老年人居住层。为避开东侧建筑阴影区影响，并为南侧的活动花园腾出更大的空间，建筑紧贴用地西、北两侧的建筑红线布置。"回"字形楼栋的中部为室外采光中庭。

老年人活动花园 位于建筑南侧，老年人可从建筑南侧次入口直接进入花园。由于周边建筑对花园的日照遮挡影响较小，花园的采光和视野较好，为老年人日常活动和康复锻炼提供了良好的绿化环境。

▶ 场地出入口设置

项目场地共设两个出入口。场地主出入口位于场地西北角临城市道路的一侧，并与建筑主入口和城市公园入口相邻，以方便老年人和急救车出入（图5）。

场地次出入口位于场地东南临城市道路的一侧，主要供后勤及来访车辆出入使用，并可由此进出地下车库。

图5 场地总平面——出入口及人车流线分析图

▶ 人车流线和停车方式安排

由于场地空地面积有限，且需要尽量扩大绿地面积，提高环境绿化质量，项目采用了完全地下停车的方式。同时，场地内遵循人车分流原则，不允许车辆穿行南侧花园，以减少车辆对老年人户外活动的干扰。各类车辆的流线和停车方式安排如下（图5）：

- 访客车辆由东南侧场地次出入口驶入，并即时驶入地下车库；
- 后勤车辆同由场地次出入口驶入，并可向北驶至建筑东侧的后勤入口附近，以进行相关作业，车辆可在回车场地掉头回转；
- 急救车可由西北侧场地主出入口驶入，并可停靠于建筑主入口附近的急救车停车位；
- 消防车等需要绕行场地的特殊车辆，可使用场地最外侧的环形消防通道行驶。

建筑设计

典型楼层平面图

北京 | 泰颐春养老中心

▶ 建筑首层平面

建筑首层平面主要分为公共活动区、医疗康复区、认知症长者居住组团、交通区、后勤区域及室外中庭（图6）。

门厅及接待区：设置了接待服务台、茶座休息区、信报箱、小卖部及小型公用卫生间等，可为工作人员、来访人员、老人及家属提供接待、交流的空间，增加生活的便利。服务台与小卖部就近布置，可以提高人员管理效率。

医疗康复区：医疗部分配置了保健室、治疗室、点滴室、观察病房等，可以满足常见病的基础治疗、慢性病取药及部分传染病的隔离治疗。康复部分主要包括运动和作业治疗共用的康复厅及健康信息管理档案室等。医疗康复区在西侧设立独立对外出入口，方便防疫和救护。

公共餐厅区：位于北侧外墙位置，窗外正对城市绿地，有较好的景观。餐厅增加了直接对外出入口，方便老年人饭后散步。接待室与餐厅连通，在用餐时段可改变功能成为包间，做到分时多功能使用。

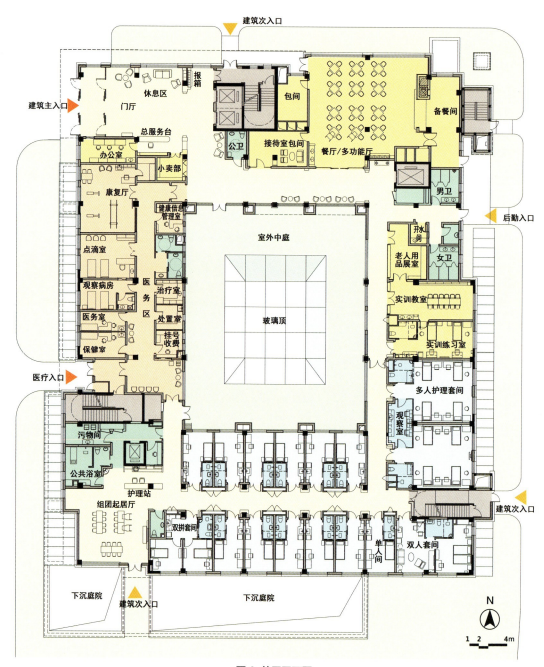

图6 首层平面图

▶ 建筑标准层平面

建筑标准层平面根据护理服务规模划分为两个组团。可从电梯厅分别进入两个组团（图7、图8）。

标准层套型设计为多种形式，包含单人间、双人间、双人套间、双拼套间等，能够满足不同身体状况及不同经济条件的老年人的需求。

公共区配套位于每个组团较中心位置。两个公共起居厅均选择了南向日照，采光、通风条件良好，适于老年人在此用餐、休憩、活动。后勤服务区与两个公共起居厅就近布置，包含护理站、管理办公室、洗衣房、助浴间、公共卫生间、储藏室等空间。

图7 标准层平面分为两个组团

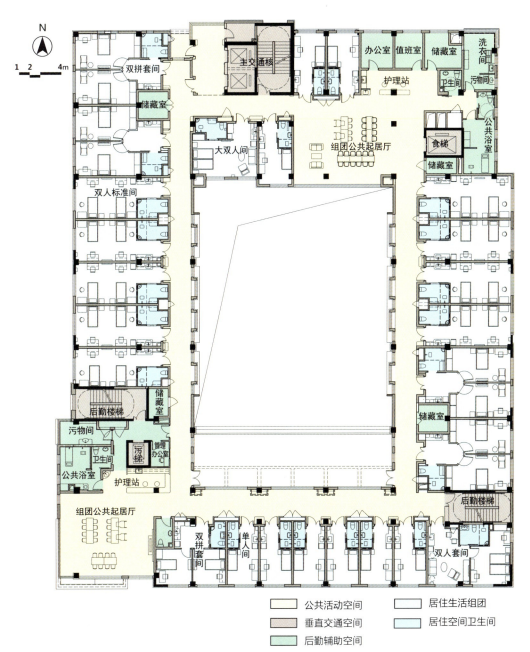

图8 标准层平面图

室内设计

室内设计效果

北京 | 泰颐春养老中心

图9 主入口门厅视线开敞，直达电梯，并设有休息区

图10 主入口接待台与值班办公室就近设置

图11 地下中庭拥有良好的采光条件，空间开敞通透

图12 四层阳光房光线充足、视野良好，可作休闲活动场所

图 13 根据项目特点配置了较多数量的单人标准间，可为独身老年人提供私密性较高的居室环境

图 14 双人标准间居室内为两位老年人配置了各自独立的衣柜、书桌椅等家具，顶灯光源也分设两处，可使两位老年人相对独立生活

室内设计效果

图15 双人套间户型有更多居家氛围,适合老年夫妇居住

图16 标准层东、西两侧采用单廊形式布置房间,走廊明亮且可以使房间具有良好的通风条件

图17 多人护理套间主要供需要重度护理的老年人居住,居室内同样为老年人配置了各自独立的衣柜、桌椅、顶灯等家具设施

项目设计特色①
建筑形体推敲综合多种因素

▶ **方案优化设计思路**

因该项目用地面积较小，基地南北长、东西短，布置朝南房间数量会受到一定限制。此外，该地块规划限高为18m，如按照常规建筑层高设计，建筑只能做出4层高度，床位数难以满足运营需求；且项目东侧的现有住宅距离用地很近，如建筑位置不合理，很容易影响相邻住宅的日照条件，这些问题都为场地总体布局和建筑形体设计带来了一定的难度。

为了解决上述问题，并综合考虑出床率、南向房间数量、工作人员的服务动线以及室外活动场地条件等各方面要素，设计团队做出四种规划平面并进行比较（图18）。最终采用了"回"字形的楼栋形式（图19）。通过建筑形体的围合，自然形成了可供活动的中庭和建筑内部的回游动线。并且利用场地南北方向较长的特点，将进深和面宽较大的双人间规划为东西朝向，将单人间规划为南北朝向，通过减小单人间面宽增加房间数量。由于将建筑形体设计得较为紧凑，最终在用地南侧留出了日照和视野良好的室外活动场地（图20）。

在建筑层数方面，设计团队综合分析结构、设备及室内净高等多方面的条件后发现，如果采用集中空调，建筑层高需要做到3.9m左右，由于高度限制，只能做到4层。因此，设计团队改用多联机空调搭配全热交换机新风系统的方式，将标准层高降低到3.3m，在18m限高的规划条件下，设计成5层，保证了运营方的床位数需求。

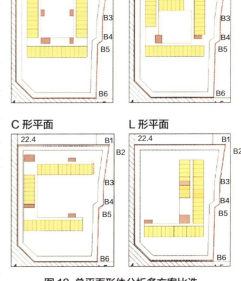

图18 总平面形体分析多方案比选

图19 最终选用"回"字形楼栋形式

图20 五层建筑及其南侧室外活动场地

项目设计特色②

北京｜泰颐春养老中心

"回"形动线提高护理服务效率

本项目定位为护理型养老设施，工作人员的服务效率十分重要，设计团队希望通过建筑设计来为运营助力。

首先，利用建筑"回"字形楼栋的平面特点，在各个居住层设置环形走廊（图21），减少护理员服务时（如送餐、巡视、发药等）来回折返的次数，方便工作。

其次，鉴于项目以半失能、失能老年人为主要服务对象，设计选取照料单元式布局，将每个居住楼层划分为两个照料单元（图22）。每个单元包含20～25张床，并在单元内配备了较为完善的生活和后勤服务设施。这种照料单元式的布局可为老年人和护理员提供更加集中、近便的居住和服务空间（图23）。两个不同单元之间既可以实现独立管理，又可以互相支援，在提高护理效率的同时，也保障了服务质量和老年人的生活品质。

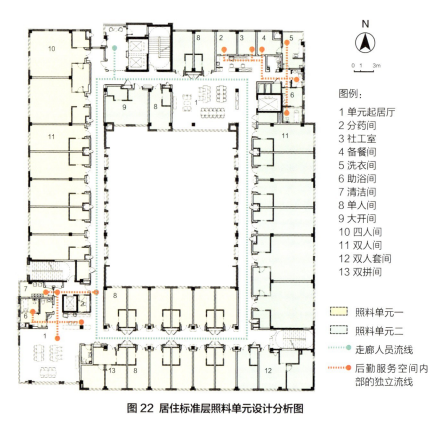

图例：
1 单元起居厅
2 分药间
3 社工室
4 备餐间
5 洗衣间
6 助浴间
7 清洁间
8 单人间
9 大开间
10 四人间
11 双人间
12 双人套间
13 双拼间

照料单元一
照料单元二
走廊人员流线
后勤服务空间内部的独立流线

图22 居住标准层照料单元设计分析图

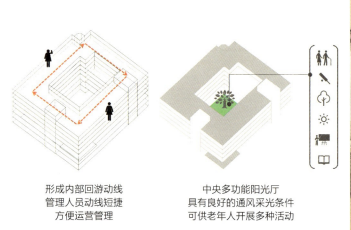

形成内部回游动线
管理人员动线短捷
方便运营管理

中央多功能阳光厅
具有良好的通风采光条件
可供老年人开展多种活动

图21 回游动线方便运营管理，中厅可开展多种活动

图23 各照料单元中均设置了起居厅兼餐厅，方便行动不便的老年人就近活动、就餐

项目设计特色③
单元起居厅优化朝向

单元起居厅是老年人日常用餐和活动的主要空间，在过去的调研中发现，护理人员为提高工作效率，经常在单元起居厅对半失能及失能老年人进行集中照护（包括用餐及组织各类活动）。

泰颐春东北角的单元起居厅曾经历过两版方案的比选（图24），"方案一"将起居厅设置在东北侧，这样可以争取更多朝南的居室。但在推敲平面功能时发现，东北角的单元起居厅日照条件不佳，并不利于老年人白天活动时享受阳光。此外，后勤服务用房（如洗衣间、备餐间、助浴间、办公室等）的设置也存在位置分散、功能不足等问题。后勤服务用房如果设计不合理，将会导致运营服务品质下降。例如，缺少独立清洁间，则可能发生清洁间与公共卫生间混用，导致卫生条件变差。

基于上述问题，对方案进行调整，将两间朝南居室调整为单元起居厅，补充完善后勤服务用房的配置。调整后的"方案二"具有如下两个优点：

（1）单元起居厅日照条件好，为老年人的日常活动营造了明亮、舒适的空间（图25）；

（2）后勤服务接近起居厅，沿外墙布置采光面增多，并在局部形成了较为独立、完备的生活服务体系，形成便捷、高效的后勤流线。

方案中虽然减少了南向房间，但对护理型机构来说，老年人白天更多的是在起居厅活动，这样的布置既能方便集中看护，又能满足老年人白天的日照时数。

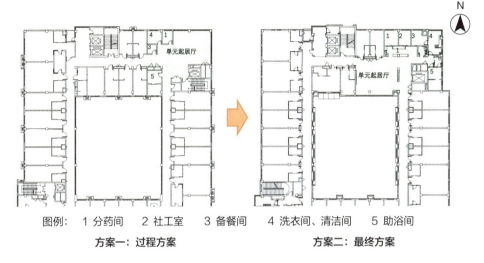

图例： 1 分药间　2 社工室　3 备餐间　4 洗衣间、清洁间　5 助浴间

方案一：过程方案　　　　　方案二：最终方案

图24 方案一和方案二优化对比图

图25 老人们在光线充足的东北角单元起居厅享用下午茶

项目设计特色④
多种户型满足各类老年人的不同需求

▶ 紧凑化单人间设计

随着老年人对生活隐私、舒适度的重视程度逐渐提升，单人间的需求越来越强烈。团队通过设计紧凑化的单人间方案，尽量增加项目中单人间的数量，例如将常见的 3.6～3.9m 居室面宽缩小至 3.3m，通过借用卫生间门外的部分空间，满足了乘坐轮椅的老年人轮椅回转的使用需求（图 26）。

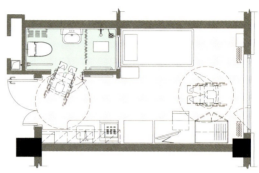

图 26 单人间平面图

▶ 多种户型设计

为满足老年人的不同居住需求并兼顾考虑建筑平面柱网及日照条件，项目中设计了多种居室类型，包括单人间、套间、双人标准间、多人护理套间等七种居室户型（图 27～图 29）。开业初期，由于每层的户型种类齐全，运营方可以做到根据入住老年人数量逐步开放楼层，有效节约了人力和能源消耗的成本。

泰颐春开业的前几年，设计团队多次对项目进行回访，发现老年人居室的入住情况呈现如下特点：

（1）单人间供不应求，南向和北向单人间已经全部入住。

（2）东向双人间全部住满，选择双人间的客户有将近一半的老年人是包房单人入住。而西侧双人间暂时还没有客户选择。

（3）双拼套间受到老年夫妇的欢迎。

（4）一室一厅套间由于售价较贵，入住率低且不稳定。

（5）高端客户对房间的朝向表现出比较强烈的关注度。

图 27 单人间实景

图 28 双拼户型实景

单人间卫生间采用极小化设计，有效节省户型面宽，同时能够满足轮椅老人使用

双人套间及大双人间的床具采用两张单人床形式，床位可分可合，方便日后根据老人习惯做出调整

除四人间外，居室内均配有简易备餐操作台，可放置微波炉、冰箱等小家电，以鼓励老人自主生活

两个单人卧室共用一套备餐台和卫生间，在保证私密性的同时增加老人的交流机会

单人间

户型面积：19m²

目标对象：独身老人

比例：30%

双人套间

户型面积：49m²

目标对象：老年夫妇

比例：4.6%

大开间

户型面积：37m²

目标对象：老年夫妇

比例：4.6%

双拼套间

户型面积：40m²

目标对象：老年夫妇、结伴养老的独身老人

比例：4.6%

多数居室的门厅入口门后留有一小块空间，用于放置鞋凳、鞋柜等

两个四人间共用一个观察室，以节约护理人员数量。观察室内设置备餐台、冰箱等

观察室与居室之间设玻璃观察窗，利于护理人员随时观察老人情况

大双拼户型由四人护理间变化而来，原来的中部观察室缩小后，可成为本楼层的库房

多数卫生间内设有污洗池，方便洗涮抹布、便盆等用品，做成洁污分区

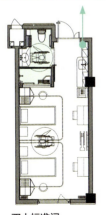

双人标准间

户型面积：36m²

目标对象：独身老人、老年夫妇

比例：34%

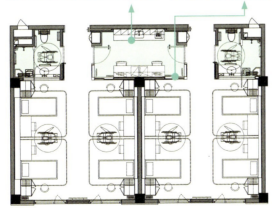

多人护理套间

户型面积：126m²

目标对象：需要重度护理的老人

比例：11%

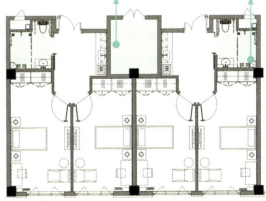

大双拼套间

户型面积：63m²

目标对象：老年夫妇、结伴养老的独身老人

比例：11%

图29 七种户型设计分析

项目设计特色⑤
复合型活动空间满足各种活动需求

北京 | 泰颐春养老中心

由于设施地上空间要保证一定数量的床位，使得居住面积占比较大，而公共活动空间面积有限且很难集中布置在一层，于是将部分小型的（面积少于200m²）公共活动空间置于地下一层和四层（图30）。

带有玻璃顶的地下中庭作为休闲活动空间（图31），可以举办小型演出、聚会等；首层的大餐厅兼作活动用房（图32），可开展亲友交流、手工制作等活动；四层的阳光房光线充足，视野良好（图33），老年人可在此处下棋、打牌、写书法、画画。设计团队充分挖掘有限的空间，打造不同特色的功能用房，并赋予其高度的适应性。

图31 地下中庭

图32 首层大餐厅

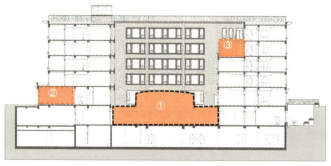

①地下中庭　②首层大餐厅　③四层阳光房
图30 复合型活动空间分布

图33 四层阳光房

项目设计特色⑥
设置临时避难区缓解老年人火灾疏散困难

养老设施中的失能和半失能的老年人通常不具备自主疏散能力，常规的疏散方式很难适用于此类人群，他们是火灾发生时的弱势群体。养老设施的工作人员以女性为主，且夜间值班时数量有限，在紧急情况下搬运老年人疏散十分困难。因此，如何解决养老设施的防火疏散问题引起了设计团队的深思。设计团队尝试通过水平避难的方式来缓解老年人垂直疏散能力弱的问题，将两个照料单元连接处的主电梯厅作为每层的"临时避难区"（图34）。当火灾发生时，工作人员可先将老年人就近疏散到这个相对安全的区域，等待后续救援。

图34 电梯厅兼作临时避难区

临时避难区具有如下设计特点（图35）：

（1）临时避难区室内净面积30m²，可容纳轮椅、推床等辅助器具。

（2）开设外窗，可自然通风排烟。

（3）设有开敞阳台，并且朝向室外道路，有利于避难人员向外呼救，也方便救援人员从阳台处将老年人逐一救走（图36）。

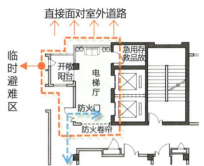

图35 临时避难区分析图

（4）火灾发生时，电梯厅通过防火卷帘和防火门进行防火分隔，避难人群从防火门进入临时避难区。非火灾的正常情况下，卷帘呈收起状态，不影响人员通行。

（5）临时避难区内设储藏室，备有急救药品、轮椅、担架等医疗急救物品，以供在此停留的人员使用。

本项目在2015年设计时，国内规范中还未有设计"避难间"的要求，其他养老项目也很少对此有所考虑。设计团队根据老年人的疏散避难特征，在设计时提出了"临时避难区"的理念，希望供无法及时疏散的老年人在此等候救援。

2018年修订的《建筑设计防火规范》GB 50016—2014中增加了有关老年人照料设施避难间的规定。

图36 消防演习时利用云梯疏散临时避难区中的人员

项目设计特色⑦
适老化设计关注老年人生活细节

北京 | 泰颐春养老中心

▶ 居室门口设计

设计团队将每户入口处设计成退让空间，使居室的外开户门不会影响到走廊的疏散宽度，并且便于轮椅和助行器等辅助器具回转腾挪，同时也让狭长的内走道的空间节奏丰富起来。此外，为了节约居室内的空间，设计中将地暖的分集水器设置在门口，用柜子遮蔽。老年人开门入户时，可以将手中的物品临时放置在柜子上。台面上还可以摆设装饰物或者绿植等，用以美化走廊空间（图37）。

图37 居室门口的多个设计细节

▶ 适老化电梯厅

泰颐春养老中心的电梯门套采用了切角处理方式（图38），主要原因是养老设施内使用轮椅或助行器的人员较多，进出电梯时常规的直角门套很容易被轮椅磕碰，且人员不易避让。设施将门套边角倾斜一定角度，使门洞口形成一个"喇叭口"的形状，放大了口部空间，更容易进出。此外，在电梯厅地面的中央位置定制了带有楼层标识的地砖，颜色对比明显、字号大，方便视力不佳的老年人在低头的状态下也能辨别楼层。

图38 电梯厅适老化设计细节

▶ 庭院里的小菜园

养老中心的院子里设置了供老年人可以亲手种植的"小菜园"（图39），种植池的高度在800mm左右，下部留空，乘坐轮椅的老年人也可以自己来浇水、施肥。种菜的过程既丰富了老年人的日常生活，又促进了住户们之间的交流。

图39 老年人在院子里种的蔬菜

项目设计特色⑧
前瞻性设计应对突发疫情及常态化管理

2020年初疫情开始在国内蔓延,这给养老建筑带来了新的挑战:养老机构需要考虑到疫情期间管控及疫情常态化下的管理模式,泰颐春的建筑空间能否满足特殊情况下的管理需求?通过对机构的回访,设计团队了解到泰颐春养老中心在疫情期间采取的一些防疫策略和经验。

1. 人流动线重新组织——交通流线适应性强

由于泰颐春的首层原各功能分区均有对外独立出入口,并且设有独立的垂直交通设施,为运营方后期调整人流动线带来了很大便利。疫情期间,泰颐春将设施内老年人、探访的家属和参观的新客户三类人群活动的区域进行了重新划分,形成三条互不干扰的人流动线(图40):

第一,利用养老中心的主入口和主电梯厅作为内部老年人的主要进出区域。

第二,利用原后勤出入口作为家属探访入口,将大餐厅和多功能教室作为家属和老年人聚会的房间。

第三,外来访客动线从原医疗出入口进入,利用还未入住的首层空间作为参观用房。

2. 居室使用全热交换机新风系统——有效避免交叉感染

泰颐春老年人居室的新风系统全部采用全热交换机,设备安装在房间吊顶内部,每户独立运转。设备管道短、净化效果好、空气循环效率高,避免了传统集中式新风系统带来的交叉感染问题。

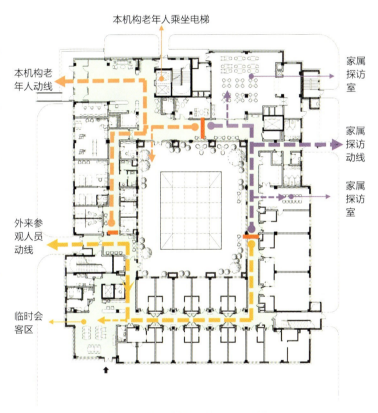

图40 疫情期间设施出入口动线规划

> ### 小结
>
> 在用地紧张的大城市中,团队利用有限的土地资源设计完成了一栋功能完善的护理型养老机构,既满足了运营方的床位数量要求,又为老年人营造了舒适的生活空间,同时还兼顾了护理人员的高效工作动线。此外,在发生疫情的特殊情况下,该建筑表现出较强的适应性,使泰颐春养老中心依然保持了安全有序的运营。

图片来源: 图1、图31~图33中右侧照片、图36、图39由开发方提供,其余来自周燕珉工作室。

> 深圳南山社会福利中心三期项目在原一、二期的基础上进一步提升规模，服务包括认知症老人在内的多种类型老人，并且在标准层含有多个居住组团。如何做好一个大体量的建筑，处理好多种功能分区和流线是本项目需要攻克的主要难关。

综合型养老设施
多组团居住空间
认知症照料空间

2

深圳南山社会福利中心三期

- 所 在 地：广东省深圳市南山区
- 设 施 类 型：综合型养老设施
- 总 用 地 面 积：10335.1m²
- 总 建 筑 面 积：93150.51m²
- 建 筑 层 数：地上28层，地下2层
- 床 位 总 数：1250床
- 居 室 类 型：单人间、双人间、四人间、多人间
- 开 发 单 位：深圳市南山区政府
- 代 建 单 位：深圳市万科发展有限公司
- 设 计 团 队：香港华艺设计顾问（深圳）有限公司、北京中合现代工程设计有限公司
- 设计咨询团队：清华大学建筑学院周燕珉居住建筑设计研究工作室

项目概述

深圳 | 南山社会福利中心三期

项目背景及功能构成

▶ **项目背景**

本项目位于深圳市南山区留仙大道与同乐路交叉口附近,周边交通及城市基础配套成熟。

项目为南山区社会福利中心的第三期建设。前两期分别于2000年和2015年建成,一期301床,二期791床。第三期在前两期的基础上规模进一步提升,总建筑面积达到9.3万 m^2,床位数达到1250床。三期建成后,总体项目床位数将超过2300床,成为当地机构养老的有力支撑(图1)。

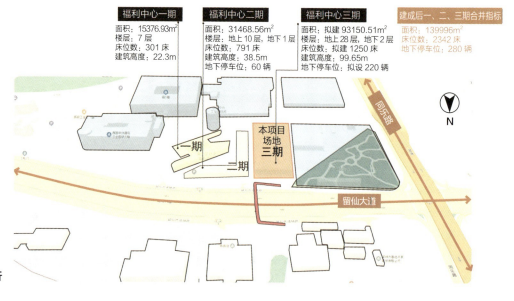

图1 项目区位及三期项目构成分析

▶ **功能构成**

项目可支持多种类型的老年人入住,包括各年龄段的自理、半护理、全护理等不同身体状况的老年人。各种类型的老年人按照楼层分区,入住在四至十六层不同的居住组团中。另外,三层设有认知症老人组团和专属花园,供认知症老人入住(图2)。

公共及医疗配套主要设置在项目底部的两层。首层主要包括大堂、餐厅、多功能厅、医疗用房和社工办公用房,二层为活动用房、康复和安宁疗护用房。十八层及以上为员工活动区,包括员工餐厅、员工宿舍、培训及休闲空间、办公用房和展厅等。另外,三层、十一层、十七层设有绿化架空层或屋顶花园,为老人和员工提供了绿色休闲空间(图3)。

图2 项目鸟瞰图

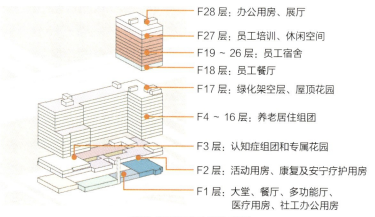

图3 项目竖向功能构成图

场地规划

总平面布局分析

三期项目位于一、二期已建成项目的西侧。为了实现三者之间各类流线的相互联系，以及部分空间的共用，在三期的设计过程中注重了以下要点，如图4所示：

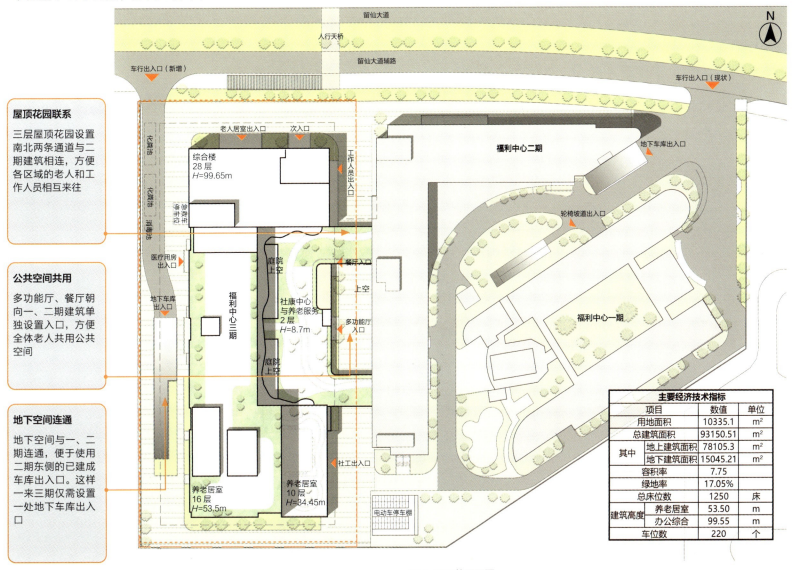

屋顶花园联系
三层屋顶花园设置南北两条通道与二期建筑相连，方便各区域的老人和工作人员相互来往

公共空间共用
多功能厅、餐厅朝向一、二期建筑单独设置入口，方便全体老人共用公共空间

地下空间连通
地下空间与一、二期连通，便于使用二期东侧的已建成车库出入口。这样一来三期仅需设置一处地下车库出入口

图4 项目总平面图

主要经济技术指标			
项目		数值	单位
用地面积		10335.1	m²
总建筑面积		93150.51	m²
其中	地上建筑面积	78105.3	m²
	地下建筑面积	15045.21	m²
容积率		7.75	
绿地率		17.05%	
总床位数		1250	床
建筑高度	养老居室	53.50	m
	办公综合	99.55	m
车位数		220	个

在本项目的设计过程中，我方团队作为咨询方，与甲方、设计方、代建方等密切沟通与配合，对建筑方案进行了优化提升。后文以方案咨询和优化前后对比的形式说明本项目的设计要点。

设计要点①

首层注重各区域的划分与联系

▶ 首层平面优化前后方案分析

本项目首层需解决入住老年人、工作人员、社工等多种人流的出入问题，并且需要配置办理入住、满足社工服务的相应空间，还需配置餐厅、多功能厅等必要的公共空间，以及能够独立运营、单独出入的医疗空间。为了实现这些目标，我们与设计方共同对方案进行了反复探讨和优化提升。

首层平面在优化前后的方案分析如图5、图6所示：

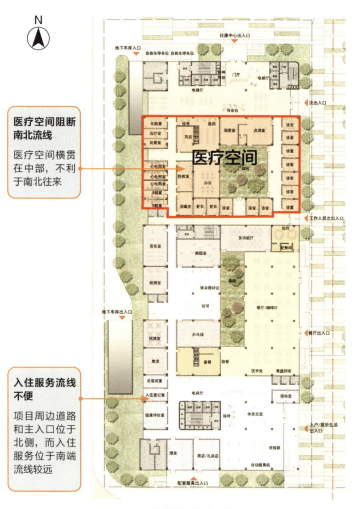

图5 优化前初始方案首层平面图

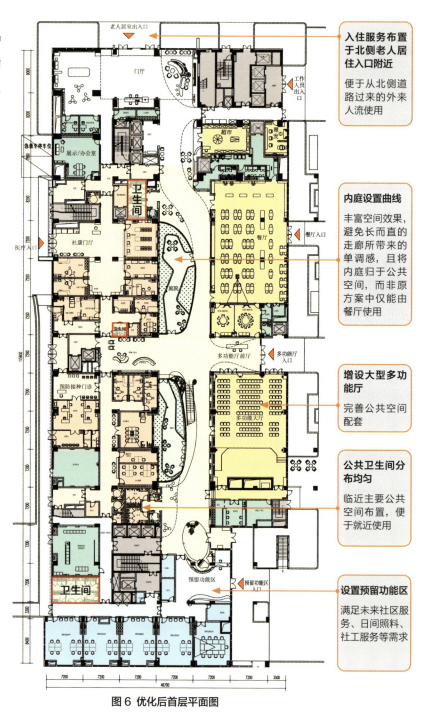

图6 优化后首层平面图

设计要点②
二层考虑各区域流线互不干扰

二层平面优化前后方案分析

二层包括一个安宁疗护组团、康复用房及各类中小型的公共活动空间。在三者布局上，需要重点考虑与楼上居住组团的交通关系，保证楼上的入住老年人无论乘坐哪部电梯均能直接到达公共活动空间，避免与安宁疗护区和康复区的流线相混杂。

二层平面优化前后方案分析如图7、图8所示：

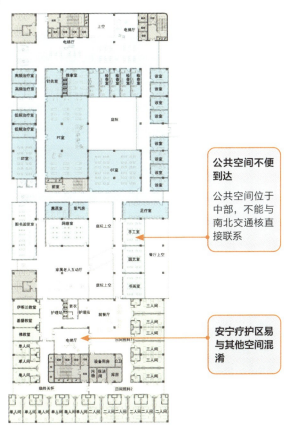

图7 优化前初始方案二层平面图

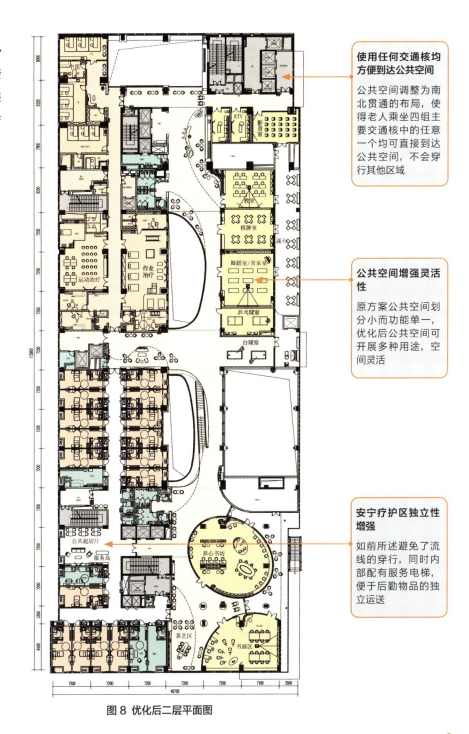

图8 优化后二层平面图

公共空间不便到达
公共空间位于中部，不能与南北交通核直接联系

安宁疗护区易与其他空间混淆

使用任何交通核均方便到达公共空间
公共空间调整为南北贯通的布局，使得老人乘坐四组主要交通核中的任意一个均可直接到达公共空间，不会穿行其他区域

公共空间增强灵活性
原方案公共空间划分小而功能单一，优化后公共空间可开展多种用途，空间灵活

安宁疗护区独立性增强
如前所述避免了流线的穿行，同时内部配有服务电梯，便于后勤物品的独立运送

设计要点③

三层设置认知症照料单元 + 专属花园

▶ **三层平面优化前后方案分析**

本项目的认知症照料专区设置在三层（2个单元，22套居室），并且配套了一处架空空间作为其专属花园（图9）。

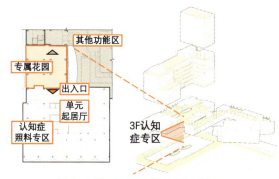

图9 三层认知症照料专区设计分析

三层平面优化前后方案分析如图10、图11所示：

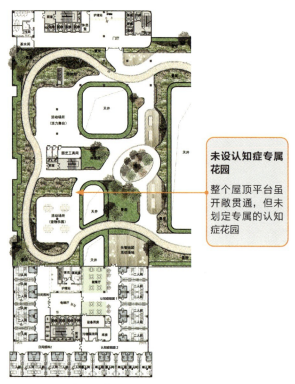

图10 优化前初始方案三层平面图

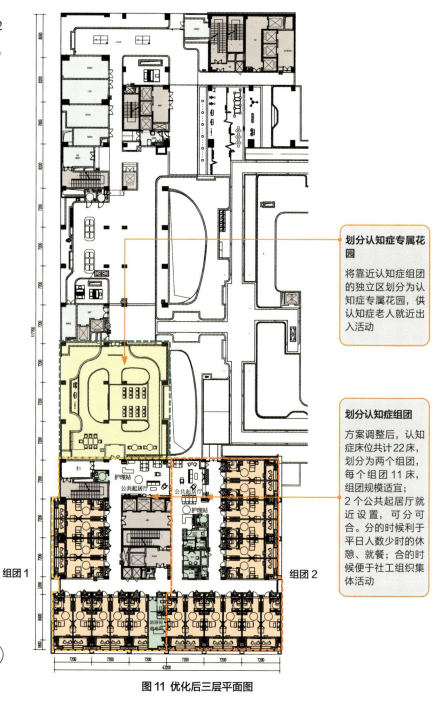

划分认知症专属花园

将靠近认知组团的独立区划分为认知症专属花园，供认知症老人就近出入活动

未设认知症专属花园

整个屋顶平台虽开敞贯通，但未划定专属的认知症花园

划分认知症组团

方案调整后，认知症床位共计22床，划分为两个组团，每个组团11床，组团规模适宜；2个公共起居厅就近设置，可分可合。分的时候利于平日人数少时的休憩、就餐；合的时候便于社工组织集体活动

图11 优化后三层平面图

认知症花园设计着眼点

认知症花园主要从以下三个方面着眼设计：

（1）营造合理的出入及回游动线以适应认知症老人徘徊踱步的常见生活行为，并在相对封闭、有限的空间内打造移步异景的环境，调动老人的积极情绪，提供可开展多类活动的可能性；

（2）营造视线通达、便于监护的照料环境（内外空间之间采用透明隔断，并且将老人主要的休息与活动区置于室内可看到的区域）；

（3）北侧有一处通往其他功能区的出入口，为避免认知症老人发现或走出，设计时对其进行适当的隐蔽处理。

回游动线及出入口设计

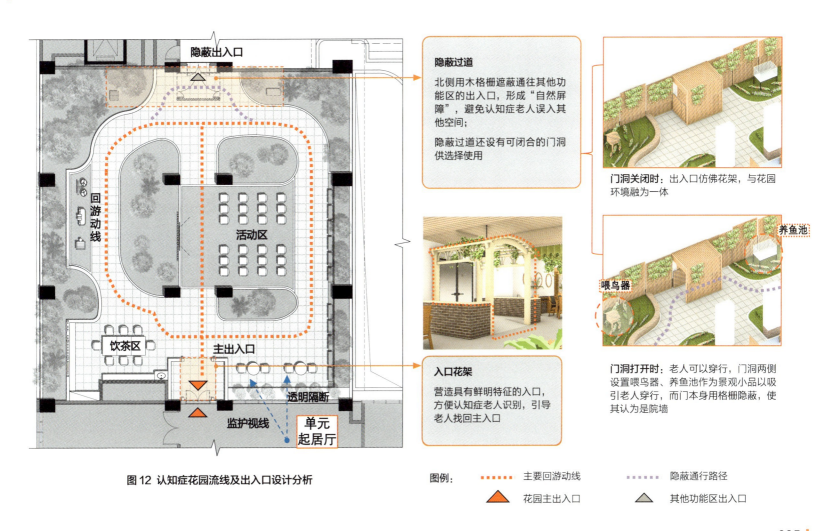

图12 认知症花园流线及出入口设计分析

设计要点 ④
认知症花园设计分析

▶ **便于开展多种活动的专属花园**

健身活动区
选取了安全性高、便于认知症老人理解和操作的健身器械

拼桌活动区
环境静谧，有一定围合感，适合多位老年人及护理人员在此开展手工、品茶、庆祝生日等活动

集体活动区
可容纳整个专区的老年人集体观看节目，椅子不用时可叠放收纳，将场地用于做操、跳舞

休闲茶座
可摆放二至三组小茶座，适合两三人在此品茶、聊天、下棋；公共起居厅的大面积开窗有利于护理人员观察花园内的情况，也有利于老人直接看到室外，促进其外出活动

图 13 认知症花园空间设计分析

▶ **其他设计细节**

四周设置深、浅花池，提供有层次的植被景观。花池边缘抬高，做成弧线，防止老人接近边缘发生危险

软幕天光
由于空间中部自然光较弱，环境较暗，在此处顶部设置软幕天光提供大面积光源，保证整体照明

使用木格栅作为电视背景墙，保持视线上的半通透

图 14 认知症花园细节设计分析

设计要点⑤
标准层划分出多个照料单元

▶ **标准层平面优化前方案分析**

标准层平面规模较大，含有多个照料单元、多组交通核和相应的后勤服务空间。如何合理地根据流线和日照等条件进行布局是标准层设计的关键。在标准层的设计布局中，我们与设计方一道对方案进行了优化提升。

为了做到有的放矢，我们在优化前对原方案进行了设计分析（图15）：

西向居室多

在居室朝向的排序中，除了南向以外，东向和北向也排在西向的前面。东向可以接收上午从东侧过来的阳光，北向夏季凉爽，均比西晒严重的西向更好。因此，西向居室不宜过多，可适当向东向和北向转移

小厅利用率不高

设置小厅可以改善长走廊的采光通风效果，尤其是对于深圳南方地区十分重要。但目前小厅的利用率不高，可与电梯厅、楼梯间前室等结合设置

四组交通核数量合适，但位置分布不均匀

交通核北侧较多，而南侧仅有一组，可能造成南侧交通的压力过大

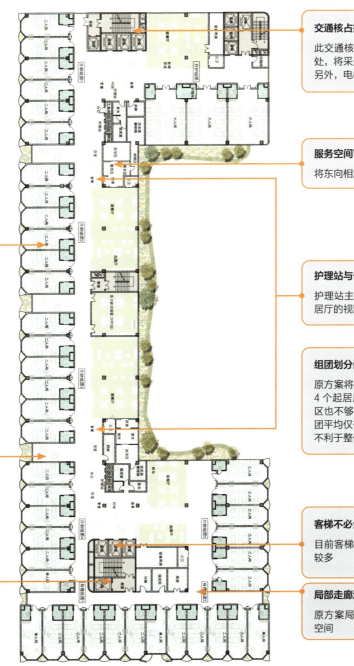

交通核占据采光面

此交通核占据北向采光面，可移至转角无采光处，将采光面让给老人居室；
另外，电梯厅面积略大，可再适当缩减

服务空间可移至西向

将东向相对较好的采光面留给老人居室

护理站与公共起居厅关系不佳

护理站主要朝向走廊，光线较暗，观察公共起居厅的视野不佳

组团划分尚不清晰

原方案将标准层分为8个组团，但却仅配置了4个起居厅和4个护理站，不能有效匹配，分区也不够明确。且划分为8个组团后，每个组团平均仅有15床，床位数较少，所费人力较多，不利于整体护理服务效率的提高

客梯不必全部设为医梯

目前客梯全部设为医梯，成本较高，占用面积较多

局部走廊过宽

原方案局部走廊宽度为3m，偏宽，较为浪费空间

图15 优化前初始方案标准层平面图

设计要点 ⑤

标准层划分出多个照料单元

深圳 | 南山社会福利中心三期

▶ **标准层平面优化后方案分析**

方案优化后,标准层重新划分了组团,增加了起居厅,并且为每个组团平均配置了公共服务空间和护理站,同时,交通核布局也调整得更加均匀、合理,真正实现了空间与服务管理相互匹配(图16)。

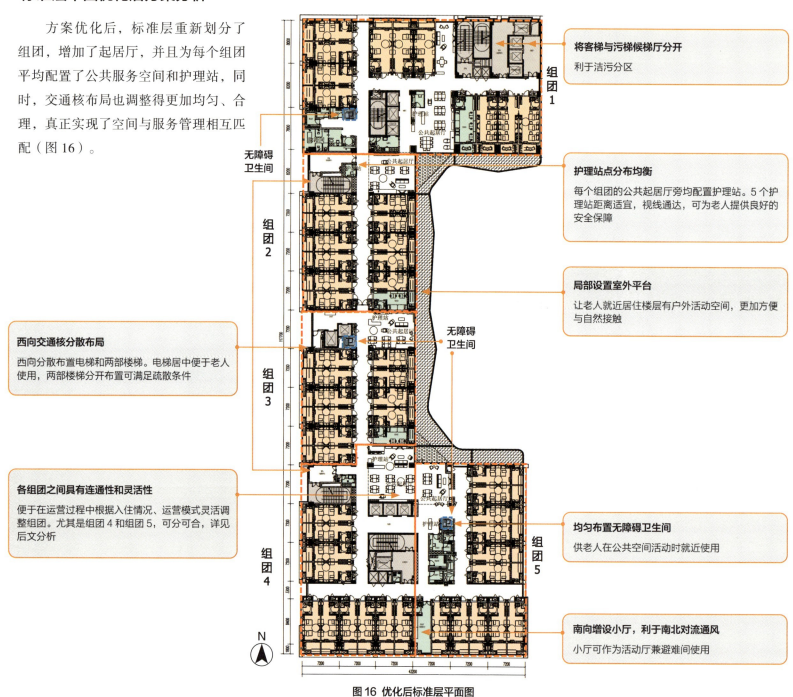

将客梯与污梯候梯厅分开
利于洁污分区

护理站点分布均衡
每个组团的公共起居厅旁均配置护理站。5个护理站距离适宜,视线通达,可为老人提供良好的安全保障

局部设置室外平台
让老人就近居住楼层有户外活动空间,更加方便与自然接触

西向交通核分散布局
西向分散布置电梯和两部楼梯。电梯居中便于老人使用,两部楼梯分开布置可满足疏散条件

各组团之间具有连通性和灵活性
便于在运营过程中根据入住情况、运营模式灵活调整组团。尤其是组团4和组团5,可分可合,详见后文分析

均匀布置无障碍卫生间
供老人在公共空间活动时就近使用

南向增设小厅,利于南北对流通风
小厅可作为活动厅兼避难间使用

图16 优化后标准层平面图

居住组团空间设计分析

组团 4 和组团 5 的公共起居厅采用"背靠背"的布局模式。设计理念如下（图 17）：

1. 两个组团之间相互串联，组团之间的护理人员能够在必要时相互协助。

2. 两个组团互相连通可以为运营管理提供更多灵活可变性。例如，运营初期入住的老人较少时，两个起居厅可由一组护理人员兼顾，以节省人力。

3. 两个公共起居厅邻近布置，以灵活隔断分隔，需要时空间可以连通，共同开展多人数的集体活动。

另外，将组团中部没有直接采光的区域设置为后勤空间集中的大小"服务岛"，既可充分利用空间，也可用于护理服务的高效开展：

1. 服务岛邻近走廊、电梯厅，老人进入楼层后可一眼看到，同时方便护理人员及时进行服务。

2. 服务岛集中了护理站、办公室、摆药间、库房、公共卫生间、清洁间、污物间、厨余垃圾间、开水间等，利于护理服务的集中开展，减少护理人员的劳动强度。

3. 大小两个服务岛视野可以全面覆盖公共起居厅，使护理人员可以随时留意老人的活动情况，便捷地提供服务，保障老人安全。

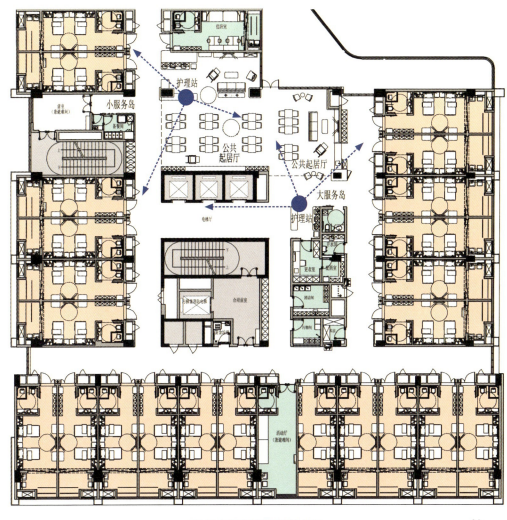

图 17 居住组团平面设计分析

设计要点 ⑥
老人居室适老化设计

深圳 | 南山社会福利中心三期

▶ 老人居室设计分析

本项目对老人居室进行了细致地适老化设计，卫生间内、房间内均可实现轮椅回转，床边空间也充分考虑了老人上下床和护理人员辅助的空间需求；另外注重了双人间设计的公平性，保证两位老人所获得的设施设备条件、空间大小尽量平等，以减少日常居住中的矛盾（图18 ~ 图20）。

入户门采用子母门
保证大扇打开后净宽达到800mm，方便通行

卫生间空间开敞
坐便器与开敞的淋浴空间相邻，更利于护理人员帮助老人如厕、洗浴

设置充足收纳空间
房间内设置了换鞋凳、物品柜、衣柜和书桌，公平且充分地满足老人收纳和使用需求

每位老人所属区域的灯光可自控
用护理帘分隔老人的独立空间，独立空间内的照明老人可分别控制

为每位老人配置写字台
满足老人读书写字用电脑等需求

设置床尾板
便于老人在床尾一侧通行时撑扶

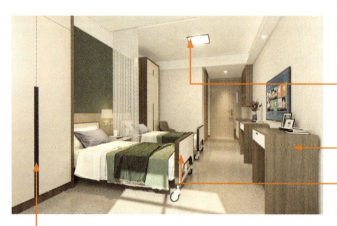

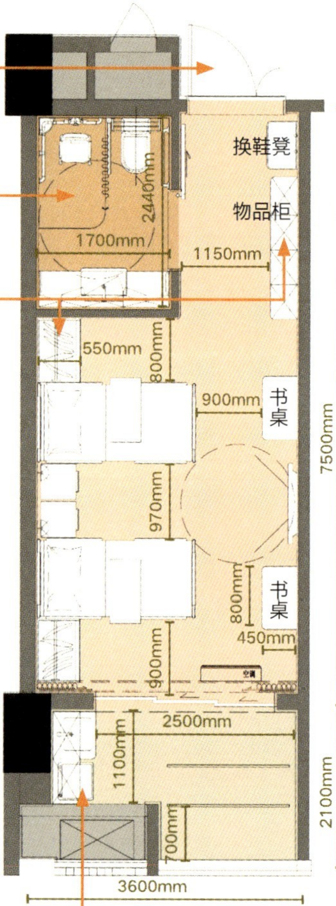

图18 双人间室内设计分析

图19 双人间平面图

衣柜门把手便于老人识别与抓握

打造入口空间
利用内凹入户门，在各个界面作特殊处理，营造入口专属感

增加侧向标识
入户门牌除了在门正面设置以外，还在走廊侧面增加设置，方便老人从走廊远处识认

入户门前设置置物架
方便老人摆放小物，增加趣味性和识别性

阳台设置用水点和晾晒空间
可根据需要设置洗衣机或污物池，便于老人与护理人员使用

入口加设灯光和门牌号
方便老人进门前使用门卡、钥匙等物，并且增加房间的识别性

走廊底部设350mm高防撞板
防止轮椅磕碰

图20 老人居室入口设计分析

设计要点⑦
公共厨房洁污分流设计

▶ **公共厨房设计分析**

本项目地下一层功能空间主要包括公共厨房、车库和设备用房（图21）。其中，厨房设计注重了各种流线的分离，大体分为四种流线进行设计：原材料及半成品流线、送餐流线、回餐流线和垃圾流线。具体见图22所示分析：

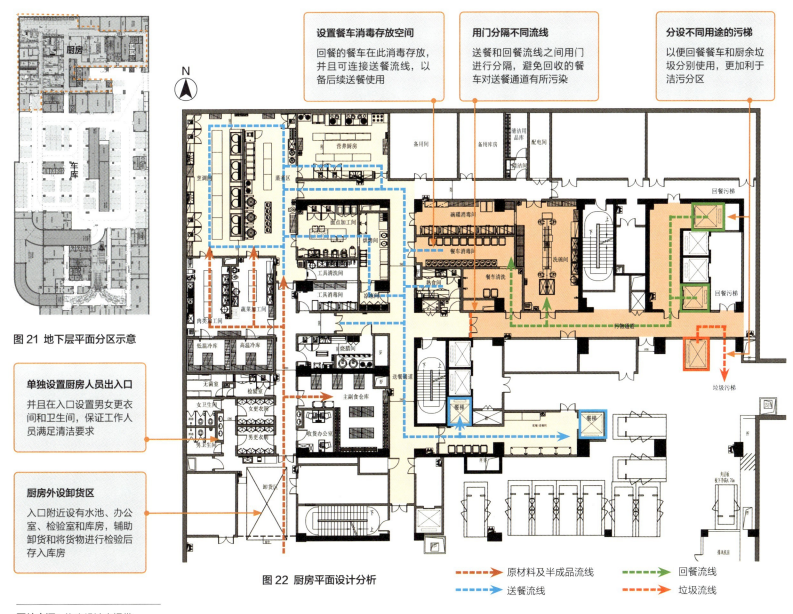

图21 地下层平面分区示意

单独设置厨房人员出入口
并且在入口设置男女更衣间和卫生间，保证工作人员满足清洁要求

厨房外设卸货区
入口附近设有水池、办公室、检验室和库房，辅助卸货和将货物进行检验后存入库房

设置餐车消毒存放空间
回餐的餐车在此消毒存放，并且可连接送餐流线，以备后续送餐使用

用门分隔不同流线
送餐和回餐流线之间用门进行分隔，避免回收的餐车对送餐通道有所污染

分设不同用途的污梯
以便回餐餐车和厨余垃圾分别使用，更加利于洁污分区

图22 厨房平面设计分析

- - - → 原材料及半成品流线
- - - → 回餐流线
- - - → 送餐流线
- - - → 垃圾流线

图片来源：均由设计方提供。

> 北京市朝阳区第二社会福利中心是公办民营的养老项目。项目在最初建成后又根据运营方的各项需求进行了功能布局和空间细节的改造，从中体现出养老项目空间设计与运营需求相匹配的重要性。

综合型养老设施
公办民营
旧建筑改造

3 北京朝阳区第二社会福利中心

- 所 在 地：北京市朝阳区
- 开 设 时 间：2017 年
- 设 施 类 型：综合型养老设施
- 总用地面积：5650m²
- 总建筑面积：20881m²
- 建 筑 层 数：地上 10 层，地下 3 层
- 床 位 总 数：480 床
- 居 室 类 型：单人间、双人间、三人间
- 运 营 团 队：乐成老年事业投资有限公司
- 设 计 团 队：北京天华北方建筑设计有限公司
- 设计咨询团队：清华大学建筑学院周燕珉居住建筑设计研究工作室

北京 | 朝阳区第二社会福利中心

项目概述

公办民营 + 改造建筑

▶ 项目背景

北京市朝阳区第二社会福利中心（也称恭和老年公寓，以下简称"二福"），位于北京市朝阳区成熟社区地段（图1），是北京市大力推进养老设施公办民营改革的试点，也是全市首个养老领域 PPP（public private partnership，政府与社会资本合作）模式落地项目。

作为公办民营项目，二福不仅面向市场，收住全市55岁以上的自理、半护理、全护理及认知症老人，同时预留床位为基本养老服务保障对象（包括城市特困、农村"五保"、低保、低收入家庭中的老年人，计划生育特殊困难家庭中的老年人）提供服务，此外，还为周边社区老年人提供社区服务、居家养老服务以及日间照料服务，项目定位为可提供长期照料服务及社区养老服务的综合型老年人照料设施。

图1 项目地理位置示意图

项目于2016年由政府投资建设完成，之后采用公开招标的方式交由社会资本运营管理。由于最初建设时未有运营方介入，部分空间设计未能完全契合老年人的使用需求，并且与运营管理模式不够匹配，服务人员使用不便。因而在社会资本介入运营时，运营方委托我方团队作为设计咨询方，指导相关建筑、室内设计公司和家具软装设计公司对该项目进行针对性的改造设计。本项目于2017年完成改造，开业运营。

▶ 改造难点

由于项目在改造之前已完成审核报批，建筑外观及主体结构不能更改（图2）。此外，运营方根据今后的运营需求对项目的改造设计提出了以下几点要求：

（1）应尽量控制改造成本，以最小的改造工程量获得最大的空间优化效果；

（2）考虑项目公办民营的性质，改造时需保证政府既定的床位数指标（469床），并兼顾"兜底"老人及社会老人；

（3）按照运营方提出的运营模式和服务要求改造相应的空间。

在接到改造任务之后，设计方、运营方及咨询方经过数轮现场勘探和方案推敲，希望利用最经济的方式优化既有建筑，以获得最匹配未来使用需求的空间环境。在充分认识既有条件、现状问题和未来需求的基础上，三方对原有建筑的地下层、首层及标准层均进行了不同程度的改造设计。

图2 项目外观

改造概况①
改造前后功能对比

▶ **改造要点**

项目地下3层,地上10层。针对既有建筑空间的不足,咨询团队对建筑竖向功能布局进行了以下两方面的梳理。

1. **优化布局**。项目原方案的功能布局不够细致合理(图3),改造方案对此进行了调整和细化(图4):

① **将原置于地下层的医疗区调整到首层**。重新梳理了首层的功能和流线,对人货、洁污和餐医动线进行了分流处理,为入住老人和工作人员提供了更加安全、便捷、卫生的生活环境。

② **根据入住客群的身体条件重新进行竖向分区**。将低楼层划为自理老人生活区,高楼层作为失能老人生活区,并在3层外设置花园,将3层改造为认知症老人专区。各楼层根据不同类型老年人的使用需求分别做针对性设计,以此提高老年人的居住舒适度,同时利于护理团队为各类型老年人提供服务,提高护理质量和效率。

2. **细化功能**。项目原方案未对运营管理需求做深入分析,缺少较多重要的辅助功能空间,改造方案对此进行了补充:

① **在各楼层增设标准化辅助服务空间模块**。在各楼层增配清洁间、污物间、洗衣间等标准化模块,并在部分楼层增设储物间、值班室、助浴间等,为员工开展照护服务工作提供支持。

② **为重点公共空间增加必要辅助服务空间**。为多功能厅增配后台服务等功能空间;对首层活动空间按照活动类型属性细化分区;在地下层增设餐厅包间、调整男女宿舍分区等,以使改造后的空间更便于老年人和护理人员使用。

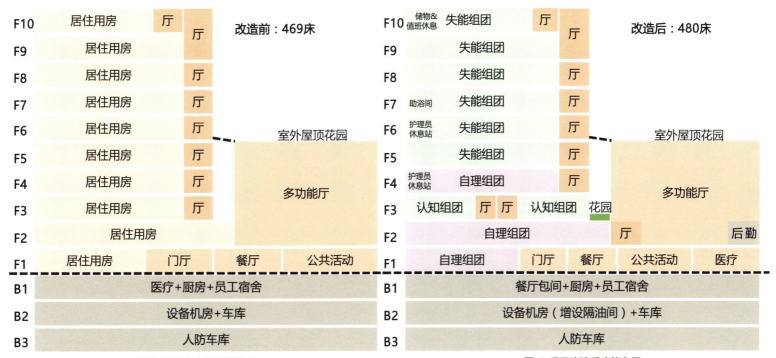

图3 项目改造前功能布局　　　　图4 项目改造后功能布局

改造概况②
主要改造措施

北京 | 朝阳区第二社会福利中心

▶ **主要改造措施及其原因**

表1 项目主要改造措施及其原因

楼层	改造原因	主要改造措施
B2	原隔油池设置在室外，需将餐厨污水用泵提升至隔油池，操作复杂，且提升泵易堵塞、损坏	在原制冷机房处划分空间增设隔油间
B1	医疗区不宜设置于地下，且原医疗梯与货梯共用	取消原医疗区调整至首层南侧，设置独立出入口
B1	餐厅未考虑老年人聚餐、宴请等需求	在有地下天井采光的区域增设餐厅包间
B1	厨房区功能、面积及流线未符合运营方要求	优化厨房区功能及流线
B1	员工休息区面积、空间形式需考虑更大的服务容量	适当增加员工宿舍，男女分区，设置公共活动用房
F1	原门厅空旷、利用率低，需重新梳理功能，提高使用效率	门厅增设书画室、阅览室、兼水吧的接待台、休息等候区等
F1	原公共空间功能不明确，缺少设施设备及家具布置	设置功能明确的教室，如桌球室、音舞室、教室兼会议室等，并配置相应的设备家具
F1	地下三层车库限高，货车无法进入，缺少垃圾站	首层室外增设垃圾站及货车车位，利用北侧电梯作为货梯
F1	采光井无玻璃顶盖，易造成积水，且存在安全隐患	采光井增设玻璃顶盖，侧面百叶便于通风
F1	地下车库入口坡道无封闭顶部	地下车库入口坡道增设封闭顶部
F2	缺少独立的公共餐厅/活动厅供本层老人使用	增设二层的公共餐厅/活动厅（原多功能厅北端）
F3	考虑认知症老人的特殊性，需设置专区封闭管理，8~12人组团为宜	将楼层设为两个组团，可分可合，原中部居室改为公共区，原侧端公共区改为居室
F3		增设室外花园，且独立封闭管理
F4/F6	原方案缺少护理员休息站	结合运营需求，全楼增设两组休息站，分别在F4、F6各取消一间居室设置
F7	原方案缺少公共浴室，无法解决卧床老人的助浴问题	取消一间居室改为助浴间
F10	原方案缺少仓库及值班休息空间，需根据运营需求增设	取消一间居室改为仓库及值班休息室
F10	缺少围护，老年人使用不安全	为餐厅/活动厅增设围护玻璃墙体
标准层	需结合老年人日常生活及运营需求改造，方便后期使用	取消茶水间，增设清洁间、污物间、储物间、公共卫生间、洗衣房
标准层	原护理站位置不佳、视线受阻、功能设置不足	护理站紧邻活动厅布置，增设水池、微波炉、消毒柜、冰箱等

功能布局①

首层：公共活动区 + 医疗区 + 居住区

▶ **首层功能设计分析**

项目东侧临街，设有主入口。西侧面向内部花园设置次入口。除此之外，北侧、南侧和西侧还分别设有后勤、医疗、厨房次入口，保证了各类流线的独立便捷（图5）。

改造后的首层设有居住区、门厅、餐厅、活动区和医疗区等（图6）。居住区独立为一个组团，设有12间双人间，主要供自理老人使用。门厅置于中部，联系各方向出入口，为交通枢纽空间（图7）。活动区包含桌球室、音舞室（图8）、教室等活动空间，并且与公共餐厅（图9）相邻布置，利于互相增强人气。医疗区由地下调整至首层后，贴边布置，有独立出入口，便于单独运营。

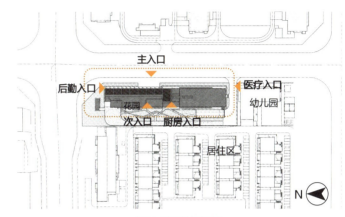

图5 项目总平面图

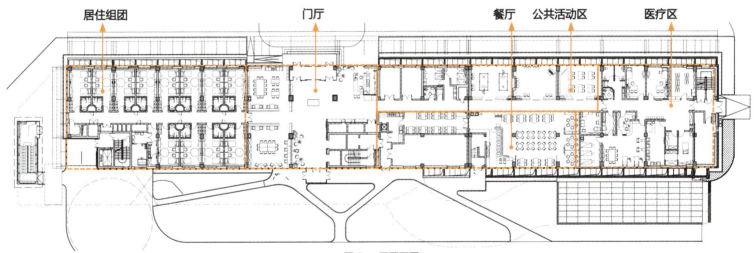

图6 一层平面图

图7 门厅

图8 音舞室

图9 公共餐厅

功能布局②

标准层：照料单元 + 活动空间

北京｜朝阳区第二社会福利中心

▶ **标准层功能设计分析**

建筑标准层除三层认知症专区设计了两个可分可合的照料单元之外，其他楼层均为一个照料单元。每个照料单元内设有老人居室、餐起活动空间以及必要的辅助用房（图10）。老人居室以三人间为主，以满足项目作为公办设施为社会"兜底"的床位数要求。每层端部设有一处公共活动空间，兼作餐厅，用于本层老年人的日常活动及用餐（图11、图12）。改造方案在既有建筑的空调机房、设备用房等位置布置了污物间、清洁间、储藏间、洗衣房等必备的后勤空间，为护理人员的工作提供了保障（图13）。

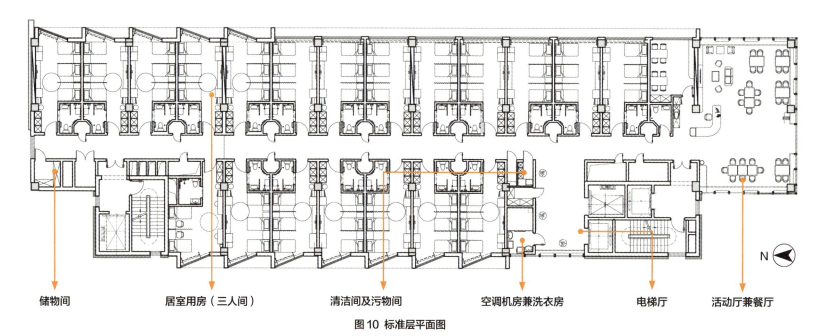

储物间　　居室用房（三人间）　　清洁间及污物间　　空调机房兼洗衣房　　电梯厅　　活动厅兼餐厅

图10 标准层平面图

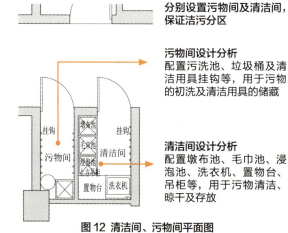

图11 楼层护理站

分别设置污物间及清洁间，保证洁污分区

污物间设计分析
配置污洗池、垃圾桶及清洁用具挂钩等，用于污物的初洗及清洁用具的储藏

清洁间设计分析
配置墩布池、毛巾池、浸泡池、洗衣机、置物台、吊柜等，用于污物清洁、晾干及存放

图12 清洁间、污物间平面图

图13 清洁间

功能布局③
地下层：员工生活区

▶ **地下层功能设计分析**

地下一层的改造重点是员工生活区。改造前地下一层布置了员工宿舍和餐厅，但整体面积有限，男女宿舍未分区，实际使用时存在不便。考虑到项目可容纳的老年人数量及合理的护理比，改造时对员工生活区进行了扩大，并基于一般的男女员工比例分别设置了男宿舍区和女宿舍区，以及男女卫生间、员工活动室等，为员工打造了更加人性化的居住空间，提供了更舒适的后勤保障（图14、图15）。

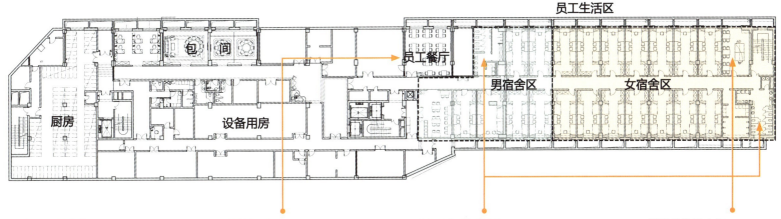

扩大员工宿舍区
为满足运营稳定期员工的人性化住宿需求，改造扩大了员工宿舍面积，并为男女员工宿舍设置独立区域和流线

优化员工餐厅
扩大员工餐厅面积，优化布局，家具布置灵活可变，晚上可兼作男员工的活动厅及文娱室

优化员工卫浴空间
分别邻近男女宿舍区设置男女卫生间，保证流线独立且近便；合理布置卫生间平面，满足员工洗衣、洗涮拖布、盥洗、如厕及淋浴等需求

增设公共活动室
布置桌球、电视等设备家具，为员工提供活动场所；同时布置桌椅，便于员工临时开会或机动之用

图14 地下一层平面图

图15 地下一层员工餐厅

员工生活空间的重要意义

在一、二线城市的养老设施中，有相当数量的员工来自外地。这些外来务工人员自身经济条件有限，加之大城市的房租和通勤成本较高，自行解决住宿问题存在较大困难。如果养老设施能够为员工配置宿舍及相应的生活配套设施，将有效缓解他们的生活压力，提升其生活质量，利于他们更为安心地在设施长期工作，避免员工流失。

因此，配备完善的员工生活空间虽然在项目前期增加了建设成本，但从整体和长远视角看，却有利于降低员工流失率，提高员工工作积极性，保障养老设施稳定运营。

改造原则①
以使用者实际需求为出发点细化功能空间

北京 | 朝阳区第二社会福利中心

▶ **根据实际使用需求细化门厅及周边活动空间**

改造前门厅的功能划分相对单一，空间利用不充分，缺失相关功能。设计方及咨询方通过开座谈会、观察访谈等方式总结梳理老年人的身体需求、心理需求，来访者的使用需求、工作人员的服务管理需求等，在兼顾空间的节能、美观，便于活动开展等原则的基础上，对门厅及附近活动区进行了细化设计（图16～图24）。

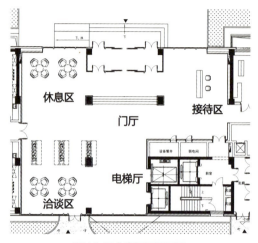

图16 原方案门厅平面图

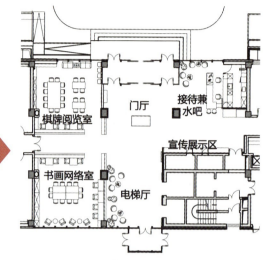

图17 改造方案门厅平面图

图18 服务台及周边空间

图19 服务台背后附属的后勤空间

图20 电梯前厅的休息空间

图21 门厅旁隔断格栅

图22 门厅旁书画网络室

图23 门厅旁棋牌阅览室

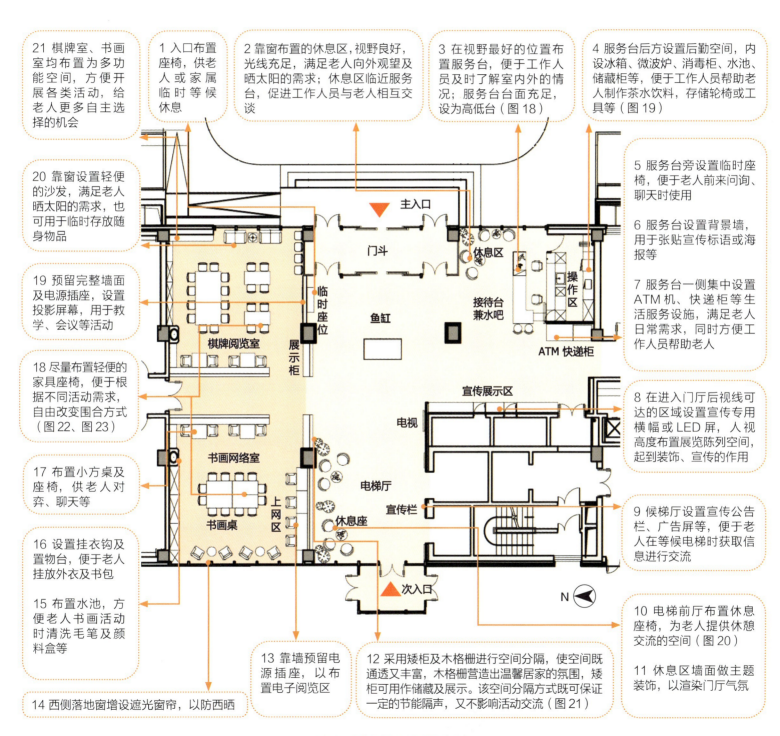

图 24 改造方案门厅平面设计要点

改造原则②

结合运营方的服务经验及运营要求进行设计

北京 | 朝阳区第二社会福利中心

▶ **根据运营管理需求设计认知症照料单元**

改造前项目未单独布置认知症居住组团，经过对既有建筑空间的考察，将有条件布置专属花园的楼层（F3）改造为认知症专区。

考虑认知症老人的特殊性，将原本的照料单元拆分成两个可分可合的小规模单元，并调整了公共起居厅的位置和数量，为认知症老人创造了更亲切稳定的居住环境，也更便于护理人员提供照料服务（图25～图29）。

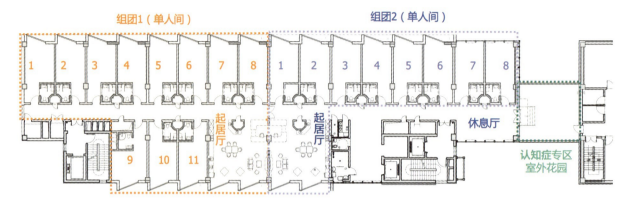

图25 三层平面图

设置备餐台
含水池、冰箱、微波炉等，满足护理员备餐、分餐、清洗、存储等需求

灵活功能布局
公共起居厅桌椅可自由移动，便于灵活使用，满足用餐及活动等多种需求

取消原西侧四个居室改为公共起居厅
为两个认知症组团分别配置一个公共起居厅。两个公共起居厅相邻布置，可分可合

增设组团分隔门
设分隔门便于组团在必要时分别封闭管理。设计隐蔽门形式，防止认知症老人随意打开

布置可连通护理站
护理站可分别照看两个组团，内部连通，便于两个组团的护理员必要时协同工作

增设洗手池
便于老年人用餐前后及活动中洗手漱口

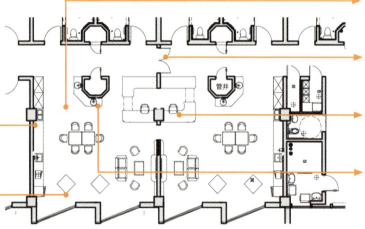

图26 三层公共起居厅平面图

图27 公共起居厅可供认知症老人就餐

图28 公共起居厅的备餐台

图29 相邻布置的两组护理站

▶ 细化老人居室布局

改造方案对老人居室进行了细化设计，增设晾衣架、床帘、坐凳、衣柜等，为多人间中的入住老人提供尽可能私密且公平的个人空间，提高其居住舒适度（图30）。

▶ 公区走廊通透化设计

若走廊过长，且两侧房间封闭，易使走廊昏暗狭长，空间感受不佳。

改造时将首层公共空间的界面尽量设计为透明界面，增加空间的通透性，有利于打造积极的生活氛围，鼓励老年人参与各类活动（图31）。

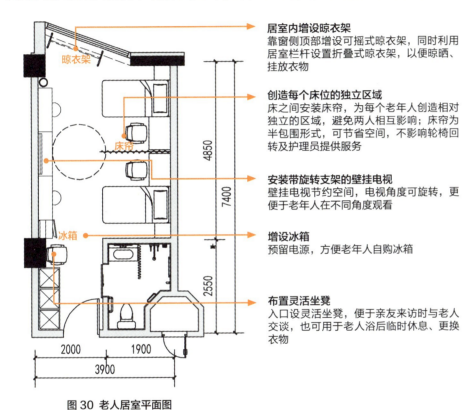

居室内增设晾衣架
靠窗侧顶部增设可摇式晾衣架，同时利用居室栏杆设置折叠式晾衣架，以便晾晒、挂放衣物

创造每个床位的独立区域
床之间安装床帘，为每个老年人创造相对独立的区域，避免两人相互影响；床帘为半包围形式，可节省空间，不影响轮椅回转及护理员提供服务

安装带旋转支架的壁挂电视
壁挂电视节约空间，电视角度可旋转，更便于老年人在不同角度观看

增设冰箱
预留电源，方便老年人自购冰箱

布置灵活坐凳
入口设灵活坐凳，便于亲友来访时与老人交谈，也可用于老人浴后临时休息、更换衣物

图30 老人居室平面图

图31 首层走廊界面通透

▶ 小结

本项目在最初建设时，由于缺少运营方的介入，导致建成空间与实际运营需求存在很多不匹配的地方。虽然建筑刚竣工落地，但运营方接手后不得不在功能布局、各空间的适老化细节上进行全面改造，这给运营团队带来了很多时间和成本上的压力。

该项目给我们的经验启示是，养老项目一定要在最初策划、设计时就引入运营方，根据运营方的服务管理需求进行通盘考虑和精细设计，避免刚建成就改造，带来大量的经济损失。

图片来源： 案例首页图由王元明提供，图5、图6、图10、图12、图14、图16、图25、图26、图30由设计方提供，其余图片均来自周燕珉工作室。

> 本项目是一个综合型的中高端养老项目,设置有老年公寓和老年养护院,两者共享富有"街区感"的生活空间和丰富多样的景观环境,使其成为一个"生活化的设施"。

\# 综合型养老设施

\# 生活街

\# 内庭院

4

江苏张家港
澳洋优居壹佰老年公寓

- 所 在 地：江苏省张家港市
- 开 设 时 间：2015 年
- 设 施 类 型：综合型养老设施
- 总 用 地 面 积：18661m^2
- 总 建 筑 面 积：56000m^2
- 建 筑 层 数：北楼 15 层，南楼 13 层，东楼 5 层，裙房 2 层，地下 1 层
- 居 室 套 数：自理 348 套、护理 66 间
- 居 室 类 型：自理一室一厅、两室一厅，护理双人间、四人间
- 开发运营团队：江苏澳洋优居壹佰养老产业有限公司
- 建筑设计团队：清华大学建筑学院周燕珉居住建筑设计研究工作室

项目概述

城市近郊的综合型养老设施

江苏张家港 | 澳洋优居壹佰老年公寓

▶ 项目区位及客群定位

优居壹佰老年公寓是由清华大学建筑学院周燕珉教授团队设计的一座综合型养老设施，包括自理型老年公寓、老年养护院和相应的服务配套设施。

该设施位于江苏省张家港市的东北市郊，处于城市二环内边缘。设计之初地段周边已有一些住宅区，但也有较多待开发的空地；场地西北为乌沙河公园，植被丰富，景观条件较好。

设计前期，设计团队在调研时发现，由于城市尺度不是很大，从本地段乘车出发，15分钟之内即可到达周边医院和城市商业中心；但在地段的500m步行圈之内，仅有公交站、便利店等基本配套设施，缺乏商场、菜市场等生活必要设施和具有社交性质的活动场所（图1），这需要在设计中予以考虑。

根据前期调研，项目将客群定位为身体健康自理和需要护理的两类老年人。因此，该设施既设有自理型的老年公寓，也设有老年养护院，并配套有丰富充足的社区服务，构建了一个综合型的养老设施。

▶ 场地布局

项目用地的形状较为规整，且基本不受周边建筑日照遮挡。由于西侧是主要的临街界面和景观界面，因此在设计时，将主入口和景观空间布置在西侧，以塑造良好的门面形象和景观视野。

综合考虑地段的各方面条件后，最终采用的布局方案为：建筑体量沿东、南、北三侧红线布置，围合出中央景观庭院。其中南北两栋建筑为高层老年公寓，以一居室为主；东楼二层及以上为老年养护院，主要包括双人和四人的护理型居室，以及相应的护理服务空间；东侧的二层裙房为公共活动空间和服务配套，命名为"生活街"，南、北、东三栋建筑均与这一部分连通（图2）。

图1 项目地段周边分析图

图2 总平面布局示意图

设计理念
创造具有生活气息的养老设施

▶ **入住养老设施是生活的延续**

我国养老设施常存在的问题是：老年人入住设施后，虽然有良好的居住条件，但却失去了很多生活乐趣。以往他们可以出门购物、饭后遛弯儿、与家人朋友团聚，但在设施内这些日常生活却往往难以延续。许多养老设施提供的护理服务也形成了一种标准化，留给老年人自主选择的部分很少，老年人的日常生活单调，缺乏多样化的活动以及与他人的交往，从而造成身体机能进一步退化，产生孤独感等。

因此，设计团队致力于打造一个"具有生活气息的养老设施"。让老年人感到入住养老设施并不意味着原有生活和社会关系的结束，而是另一种新生活的开始。在首层空间的设计上，以打造一条亲切、丰富的"生活街"为理念，将购物、喝茶、闲坐、娱乐等多种功能串联起来，并使空间具有回游性和观赏性，让老年人像在自家周边街道遛弯儿一样，最大限度地实现轻松交往、自由生活的愿望（图3）。

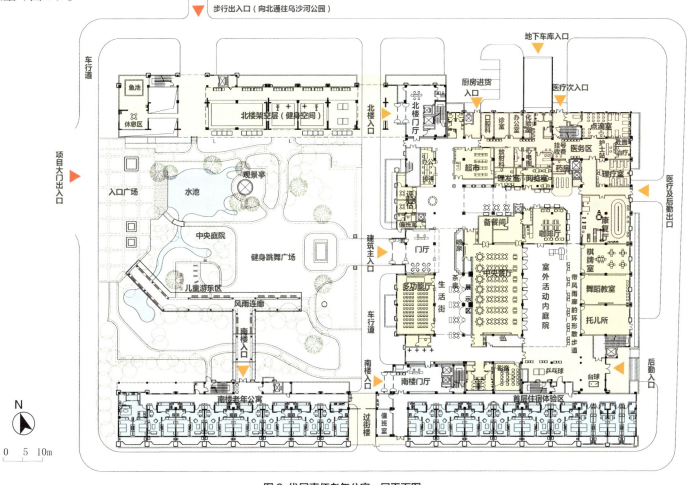

图3 优居壹佰老年公寓一层平面图

功能布局

典型楼层平面图

▶ **二层平面设计分析**

从二层开始，南楼、北楼均设置为老年公寓（图4），主打舒适灵活的一室一厅户型，端部充分利用空间设置为两室一厅，且每层配有小型服务台和活动厅，给若干年后老人身体逐渐衰退转为护理需求时预留一定条件。

项目东侧的养护院从二楼开始设置老人护理房间，主要为双人间。在东北转角处设置公共起居厅和护理站，争取到较好的光线和视野（北侧有公园）。此外还配套了必要的洗浴、洗衣、晾晒、清洁等辅助服务空间。

裙楼二层延续公共活动空间，配置多样灵活的用餐空间、厨房和各类教室、阅览室、书画室等。

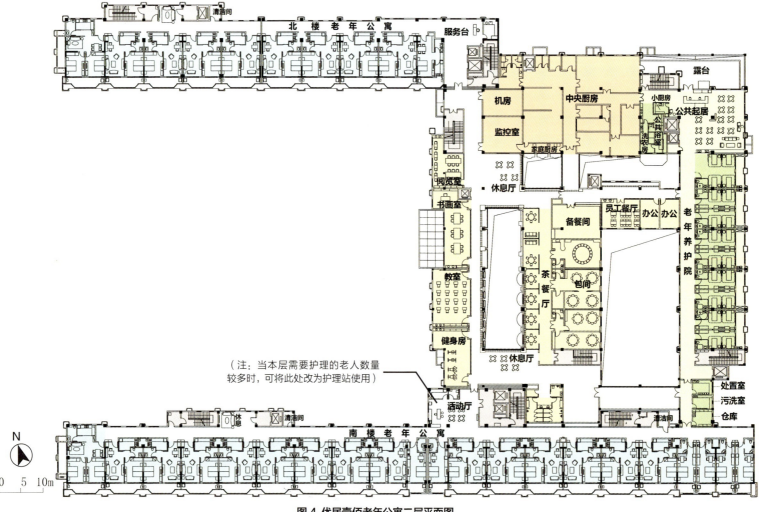

图4 优居壹佰老年公寓二层平面图

▶ 三层及以上楼层平面设计分析

从三层开始均为老年居住层，南北两楼一字形的老年公寓高至 13 层和 15 层，东侧的 L 形养护院为 5 层（图 5）。

裙楼屋顶设置了大型屋顶花园，供老人们使用，尤其便于养护院的老人在此晒太阳，不用下楼就能接触到自然环境。

另外，为了给裙楼下部的公共空间提供良好的采光和通风条件，裙楼屋顶设置了天窗，引入充足的风与光。裙楼内部与养护院的交接处设置内庭院，同样改善了裙楼内各空间的自然条件。内庭院本身注意了绿化设计和排水设计，在天气良好的季节，可以开展多种室外活动。

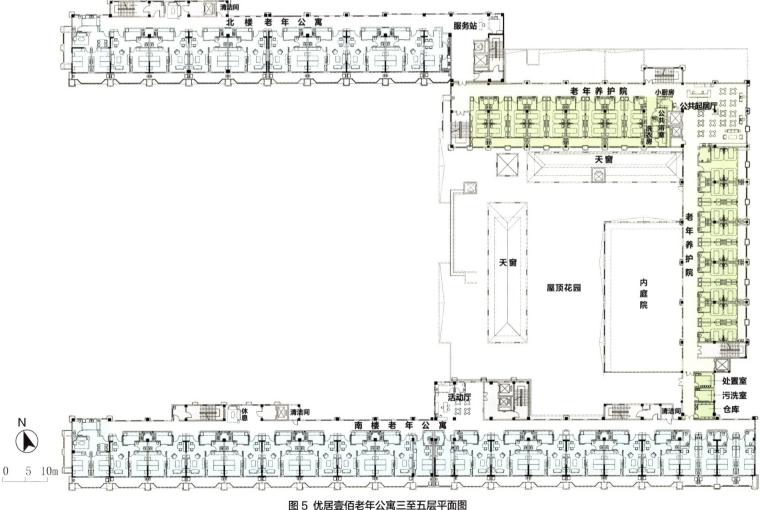

图 5 优居壹佰老年公寓三至五层平面图

典型楼层平面图

▶ **地下层平面设计分析**

地下层主体为停车库，可以为工作人员、来访家属、客人的车辆以及货运车辆提供停车空间（图6）。

北侧为老年水疗空间，为老人提供小型游泳池和康复水疗池。水疗空间前厅的电梯可以让楼上老年公寓的老人直接到达；另一侧端头还设置半室外的庭院，为水疗空间引入自然环境和光线。

地下层南侧主要为员工宿舍和办公区，均尽量配置了下沉窗井，以改善地下层空间的采光与通风条件。

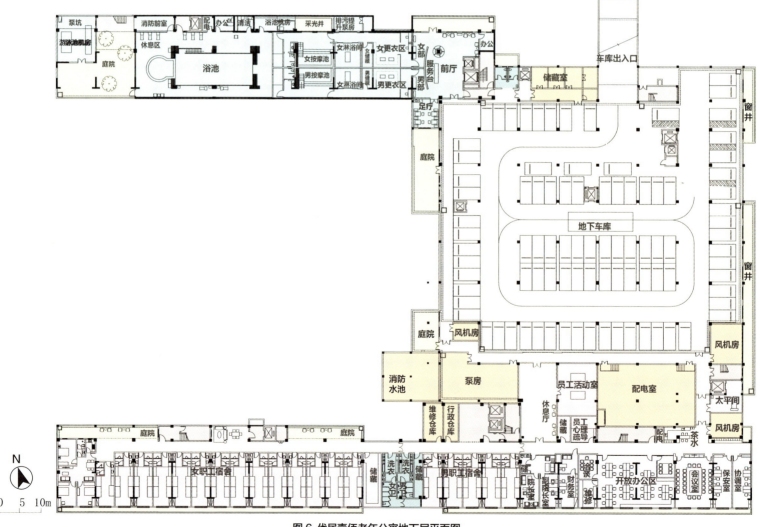

图6 优居壹佰老年公寓地下层平面图

建筑设计特色①
热闹的"生活街"

▶ **公共配套空间营造亲切的"街区感"**

在以往的调研中,我们观察到购物是多数老年人的重要日常活动。他们在街道上、商店前走走看看,就会和其他人发生交流和对话。因此,设计团队希望在养老设施中融入一定的街区功能,促进老年人之间的社交,让老年人摆脱孤独感。

图8 使用中的生活街

团队将裙楼中的公共区域设计为一条"生活街"(图7),容纳了餐厅、超市、理发店、医务室等多种功能。"生活街"两层通高,顶部设有天窗,两侧的墙面适当凹凸进退,在室内营造出一种亲切而活跃的街区氛围(图8)。生活街不仅串联了各类生活服务,还与内庭院相接,形成了一条沟通内外的环形步道,是老年人散步的好去处。

生活街还设置了可供全家共享的多功能空间。例如,内庭院布置了儿童游乐区,围绕其布置有餐厅与茶室,当家属前来探望时,可以选择在餐厅或茶室与老年人交流,小朋友在旁边的内庭院自由玩耍,同时满足了亲人交流、小孩娱乐和家长视线兼顾小孩活动确保安全性等多重需要。这些可供全家共享的功能空间设置,让家属的探访活动更加充实而富有情趣。

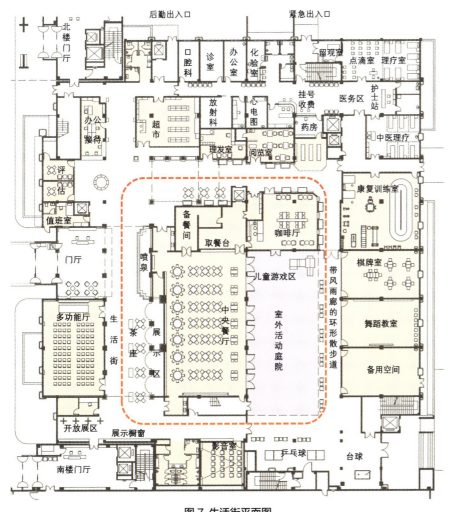

图7 生活街平面图

建筑设计特色②

多样化的用餐选择

江苏张家港 | 澳洋优居壹佰老年公寓

▶ **设置多样化的用餐空间**

根据此前对国内外一些养老设施的调研,发现老年人日常就餐会有多种形式,除了在公共餐厅就餐外,有时他们也会打饭带走,回到自己的房间食用;当亲属来探望时,又往往希望到包间聚餐。因此在设计中,团队为老人提供了多种用餐空间选择。

在生活街一层,除了设置有集中大餐厅外,还在餐厅的一侧设置沿街茶座,供老年人在此一边用餐一边聊天(图8)。此外,生活街二层还设置了多种包间,不仅有小型半封闭的茶座和中型包间,还设有带厨房的大包间。大包间为过年过节全家聚会的老年人和家属亲自下厨展现厨艺、聚餐交流创造了条件,让老年人感受到如在家一般的温馨与欢乐(图9~图11)。

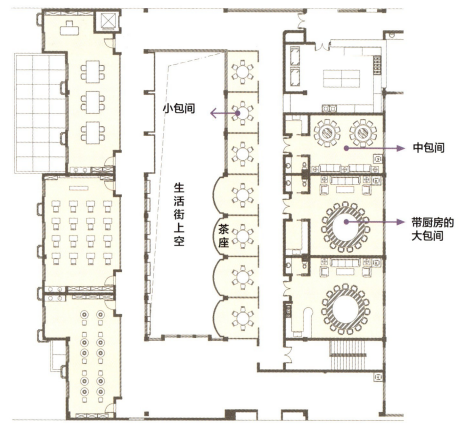

图9 生活街二楼功能布局

图10 生活街一层大餐厅

图11 生活街二楼茶座包间

建筑设计特色③
灵活可变的功能空间

▶ **设置可分可合、多功能的公共空间**

院方表示,希望能有场地供逢年过节时组织一些集体活动,比如新年联欢会、节日晚会、全院大会等。因此,设施中有必要创造一个较大的活动空间。经过计算,入住的老年人、家属和工作人员,高峰值可能有 600 人左右,大致需要 700m² 的空间。然而,这种大型活动只是偶尔举办,若设置专门的大厅,平时的利用率难以保证,易造成空间闲置。

经过统筹考虑,团队将中央餐厅和内庭院两个空间之间的门设计成可全部打开的形式,以实现空间的连通与合并;为了提高空间实用性,在结构可调的情况下,去掉了餐厅中原有的两根柱子,更好地满足了举办大型活动的空间需要(图 12)。

另外,为了实现日后公共空间功能的灵活性,二层的活动用房内部全部预留了用水点,满足开展多种活动的需要,以便日后调整功能。目前,这些空间被用作书画室、教室和接待会议室等(图 13、图 14)。

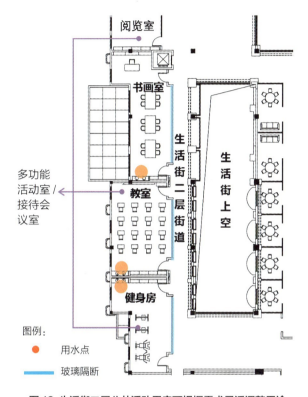

图 13 生活街二层公共活动用房可根据需求灵活调整用途

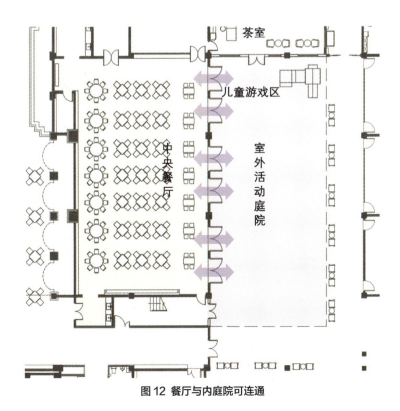

图 12 餐厅与内庭院可连通

图 14 通透而灵活的公共空间

建筑设计特色④
舒适灵活的公寓户型

老年公寓一室一厅户型设计分析

南北两栋楼的老年人自理公寓以一室一厅为主,只在每层走廊端部设有两室一厅的户型。居室设计以舒适和便捷为目标,内部均配置了独立卫生间、厨房和洗衣设备,方便老年人独立自主生活。

公寓南侧设计了宽敞的凸形阳台,中部净宽约1.5m,能够满足多种活动需求。除了养花、晾晒之外,也可以放下桌椅,供老年人小憩喝茶等,增添生活趣味。同时,一体化的大阳台也连通了卧室和起居空间,形成了回游动线,老年人在各空间的移动更加方便和自由(图15~图17)。

图15 老年公寓卧室

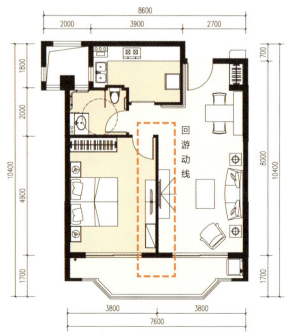

图16 老年公寓一居室平面图

图17 老年公寓起居厅

景观设计特色①
多样化的景观功能

▶ **设置多种功能的广场空间**

在设施的中央庭院中，景观设计同样遵循了"多样与灵活"的原则，以满足老年人对多种活动和场景需求。

中央庭院划分为多个区域，包括入口广场、儿童广场、活动广场、楼前广场、风雨连廊、"四水归堂"景观水面等。各区域尺度和氛围各异，能够满足各种活动需求（图18、图21）。

活动广场为硬质铺地，空间开阔，平日老年人可在此集体做操健身，节假日可举办集会活动；此外，广场与主楼入口构成空间序列，具有仪式感，可满足会议、迎宾、合影等多种活动需要（图19、图20）。

图18 中央庭院实景

图19 供老年人日常运动时的活动广场

图20 举办庆典时的活动广场

▶ **划分多条景观行进流线**

中央景观庭院的路径主要有两个系统，一是庭院外围的环形健身步道，平坦而宽敞，便于老年人日常散步、跑步；二是与园林结合的林间小路，连接了入口广场、活动广场以及观景亭等景观节点，移步换景，观赏性较强。两种不同的路径彼此连通，使老年人的行进路线有了更多的选择和可能性（图21）。

图21 中央景观庭院及交通组织示意图

在最初的设计中并未设置林间小路 A，是后来考虑到便于老年人走近路而特意添加的。事实表明这条路很有必要，老年人从入口广场进入后，通常选择这条更加直接便捷的路径到达活动广场和设施入口。

图例：
- ---- 环形步道
- —— 水系
- ---- 林间小路
- 桥

景观设计特色②
提升舒适度的半室外空间

江苏张家港 | 澳洋优居壹佰老年公寓

▶ **架空层活动空间设计分析**

根据以往的调研发现，在户外进行垂钓、棋牌这种长时间的活动时，不论南方北方，老年人都非常需要适当的遮阳措施。他们不仅会选择在树下、亭子中停留，还会打伞或戴帽子主动防晒。这也提醒我们，需要设置能够遮阳挡雨的活动空间。

张家港市是亚热带季风气候，雨水充沛，在雨天或是炎热的夏天，半室外的廊下空间不可或缺。项目北楼的老年公寓采用了一层全部架空的形式，创造出一个宽敞的半室外活动空间（图22）。场地内布置了许多有趣的活动区域，除了常见的休闲区、健身器材区和儿童游乐区之外，还在西侧设置了观鱼池和棋牌区，空间内容丰富（图23～图26），很受老年人欢迎。

图22 架空层半室外活动空间平面图

图23 棋牌和观鱼区

图24 儿童游乐区

图25 健身器械区

图26 廊下休闲晒太阳区

景观设计特色③
结合活动场地的风雨连廊

▶ **风雨连廊设计分析**

风雨连廊可遮阳挡雨，对于保障老年人的户外活动很有必要。常见的连廊多以门式结构为主，连廊的空间是内向的，座椅往往朝向连廊内部，与周边场地缺乏直接的联系。

在本项目的景观设计中，风雨连廊采用不对称的单柱悬挑式结构，面向活动场地一侧开放，与活动场地融合为一体，改善了连廊与活动场地之间的关系（图27）。老年人在健身区锻炼时可以更近便地休息，而坐在连廊下时也能够看到人来人往的活动场地，实现人与人的对话交流，同时方便照看附近儿童活动区嬉戏的孩子，实现老幼互动（图28），各区功能达到相互支持的效果。

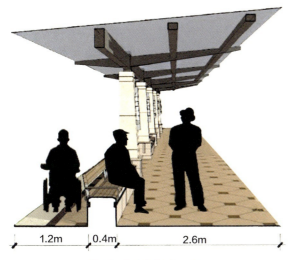

图27 风雨连廊剖透视图

图28 风雨连廊和健身区、儿童活动区结合

▶ **小结**

澳洋优居壹佰老年公寓在设计上进行了多种尝试，以"多样与灵活"为原则，为老年人打造了自主、自由的生活环境，使得老年人在设施中可以选择更多样的活动和生活方式，从而创造出具有生活气息的老年人设施。

同时，设计团队也通过多次后期调研对项目进行了反思：在中小型城市中，由于老年人在自宅居住较为便利，为生活自理的老年人打造的养老公寓入住率并不会很高。也因为人数达不到一定规模，原来公共空间配套的面积在现阶段看有些浪费，利用率未达到预期的效果。疫情期间，很多入住公寓的老年人选择回家，而有着护理刚需的老年人入住率相对稳定，今后本项目中的部分公寓也会考虑改造成护理型公寓。设计之初考虑的空间灵活性此时显现出优势，在为将来的改造提供可能性的同时，也会大大降低改造带来的成本。

图片来源： 图19由开发方提供，其他图片来自周燕珉工作室。

\# **护理型养老设施**

\# **医养结合**

\# **旧建筑改造**

"该设施由医院库房改造而成。设计团队通过实地考察、图纸分析及与运营方的细致探讨,使改造项目最大化地利用了原有建筑的特点,并尽可能满足了运营方提出的需求。设施紧邻医院,与医院共享医养资源,践行了医养结合的理念。

5

广东佛山乐善居颐养院

- 所 在 地:广东省佛山市顺德区
- 开 设 时 间:2014年12月
- 设 施 类 型:护理型养老设施
- 总建筑面积:5400m²
- 建 筑 层 数:4层建筑中的三层和四层
- 床 位 总 数:130床
- 居 室 类 型:以单人间和双人间为主,少量四人间及一室一厅套间
- 开发运营团队:广意医疗养生科技有限公司
- 设 计 团 队:清华大学建筑学院周燕珉居住建筑设计研究工作室

项目概述
医院库房改造的医养结合型养老设施

▶ 项目背景

乐善居颐养院位于广东省佛山市顺德区，是由广意集团投资、建设、运营的医养结合型养老设施。项目由同属广意集团旗下的新容奇医院的库房改造而成（图1、图2）。新容奇医院是佛山市医保定点单位，具有较强的综合医疗实力，投资方希望在改造后，能够实现医养资源的共享：一方面，颐养院可直接接入医院的供氧系统，在老人居室中设置医疗设备带，为护理老人提供吸氧、吸痰等服务；另一方面，医院可将颐养院作为老年患者急症恢复期和维持期的居住场所，这样不但提高了医院床位的周转速度，还能保证颐养院具有稳定的客源。

综合考虑当地经济发展水平、老龄化程度、基地条件及投资方的诉求，项目定位为兼具专业医疗照护和养老服务功能的医养结合型养老服务机构，主要服务于当地需要全护理、康复治疗和临终关怀的失能老人及认知症老人。

乐善居颐养院附近还分布着宿舍、食堂等配套设施，均属广意集团管辖，可供颐养院和医院的员工共享（图1）。

▶ 改造理念和设计过程

设计团队在接到此项设计任务时，即把它当作一个旧建筑改造的研究项目，希望能够与投资运营方密切配合，完成一次高质量的设计实践。

早在前期策划阶段，设计方便与运营管理方进行了深入、细致的交流。负责运营的颐养院院长提出了比较全面的养老设施服务管理流程和活动计划，为建筑设计提供了重要的参考依据。设计团队基于投资方和运营方提出的要求，反复推敲建筑方案，优化建筑空间环境，使建筑功能最大限度地满足未来运营管理的需求。同时，设计方在设计过程中充分考虑了原有建筑结构，在尽可能保持和利用原有建筑空间、结构、立面的基础上适应新的建筑功能，保证了改造的经济性。

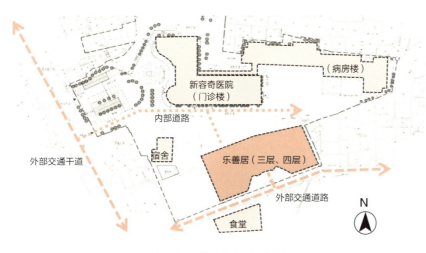

图1 总平面图及周边环境分析

图2 项目外观

功能布局

功能空间布置围绕"医养结合"理念

广东佛山 | 乐善居颐养院

双组团功能布局

原建筑为4层,改造后一层供医院急诊科和放射科使用,二层则继续作为医疗用品库房,三层、四层为改建的乐善居颐养院。建筑一层设有独立电梯厅,可直达三层颐养院的入口门厅。

三层、四层每层设置了两个居住组团,每个组团围绕天井设置了公共起居厅、棋牌室、家庭团聚室等公共空间。老人居室以天井及公共空间为中心展开布置,共86间,每层43间,以单人间和双人间为主,并辅以少量一室一厅套间及四人间(图3、图4)。

图例:
1 门厅
2 组团公共起居厅
3 家庭团聚室
4 中药室
5 组团内护理站
6 分药室
7 康复训练室
8 医疗垃圾处置室
9 急救室
10 医生办公室
11 公共浴室
12 棋牌室
13 医疗废物暂存处
14 佛堂
15 会议室、休息室(夹层)

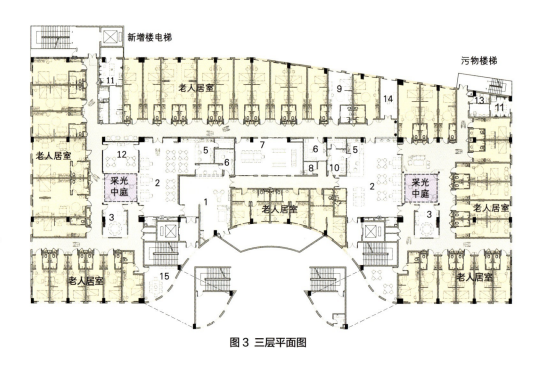

图3 三层平面图

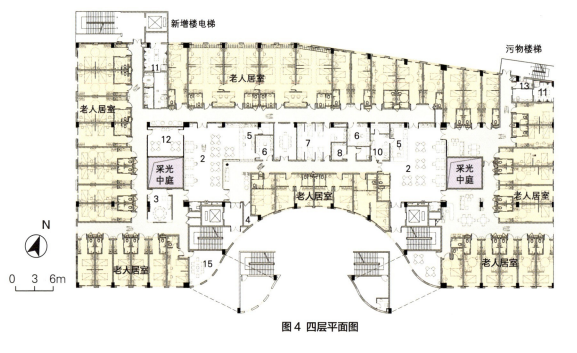

图4 四层平面图

▶ 为实现"医养结合"布置功能空间

为实现运营方提出的"医养结合"目标，满足入住老人的医疗、康复需求，设计方针对性地布置了各类型的医疗康复空间：各个居住组团中布置了组团医疗服务空间，如分药室（图5）、组团护理站；同层的两个组团之间还设置了共享医疗服务空间，包括急救室、医疗废物暂存室、医生办公室、处置室、康复训练室（图6）等，为入住老人提供了良好的医疗保障和康复锻炼的机会。

图5 组团内设置的分药室

" 回访调研时发现，由于设施主要收住重度护理老人，医疗服务需求较多，原设计的医疗相关用房得到了充分利用。实践证明，急救室、分药室、医生办公室、医疗垃圾处置室等功能空间对于此类医养结合的养老设施十分重要。"

图6 两个组团共享的康复训练室

改造设计策略①
采光天井改善通风采光条件

广东佛山 | 乐善居颐养院

▶ 改造难点分析

项目设计之初,设计团队对旧建筑进行了实地考察和图纸分析,提出了改造设计中需重点考虑的几个难点问题:

改造难点1:既有建筑进深较大(最大处约40m),当沿采光面布置房间后,剩余内部区域的通风、采光效果会变得很差,如何改善这一状况?

改造难点2:目前建筑的每层面积超过2000m²,东西总长度超过80m,如何合理地进行室内空间布局,才能使老年人走路少,服务动线便捷、管理更高效?

改造难点3:建筑为框架结构,柱网为6m(开间)×13m(进深),如何使老年人房间保持适宜开间尺寸的同时,尽量与现有柱网相适应?

针对上述改造难点,设计团队与投资方、运营管理团队进行了多次讨论,综合比较现状条件及目标诉求,并借鉴了国内外的优秀实践经验,采取了5条针对性的设计策略,以尽可能弥补原有建筑先天条件的不足。

▶ 中部增加采光天井,改善内部采光通风条件

项目所在地广东佛山的气候较为湿热,良好的通风条件对于老年人的居住环境十分重要。为了解决原有建筑通风采光的问题,项目在改造时将建筑中部左右两侧楼板局部挖开,形成2个通高天井(图7、图8),以改善建筑内部的采光环境和通风状况,给居住在其中的老年人提供了更为舒适的生活环境。

实际效果:达到设计预期,采光通风颇佳

从图9可以看出,天井尺寸虽然不大,但起到了有效引入自然光的作用。天井周围的公共活动厅、走廊等空间在白天无须开灯,也能较为明亮。天井四周采用了玻璃推拉窗,窗扇开启后,能够形成一定的空气对流,提高室内的通风效果。大面积的玻璃窗也为老年人观赏天井内的植物盆栽创造了良好的条件。

图7 建筑平面天井位置示意图

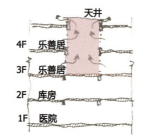

图8 建筑剖面天井位置示意图

图9 通高的天井实景

图10 三层天井东侧良好的采光通风效果

改造设计策略②
居住组团提升管理效率

▶ **每层划分两个居住组团，实现组团管理，打造亲切氛围**

旧建筑每层的面积超过 2000m²，设计床位数约 60 张，如果按照每层一个护理组团进行管理，则会产生护理动线过长、老年人数量过多等问题。为此，设计时将每层划分为东、西两个护理组团（图11），每个组团分别布置配套的护理站、公共活动空间和服务空间，服务于 20~30 位老年人。

这样的小组团模式既有利于护理员与老年人的沟通交流，营造亲切的居住氛围，又能够使护理员的工作动线更加近便，以提升工作效率和护理质量。

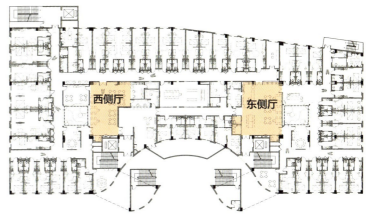

图11 每层两个公共起居厅各有分工：西侧厅用于下午茶及做操活动；东侧厅用于就餐

▶ **实际使用中：两个起居厅分别用作不同功能**

回访调研时得知，设施在实际运营时并未划分为两个组团进行服务管理。院长说，因老年人前来入住时往往会自由挑选房间，入住居室较为分散。运营初期又因人数不定，担心划分组团会增加较多的护理人员。因此，到目前为止院长一直以单组团模式运营。最初设计的两个公共起居厅在实际使用时把功能做了区分，一个主要用作餐厅，另一个主要用作活动厅（图12、图13）。虽然运营方并未按照设计预想分组团管理，但两个厅的设计增添了空间多样性和灵活性，为老年人的日常生活提供了更多选择。在疫情期间，该设施又按两个组团隔离管理，在防疫、用餐、护理方面都十分便利有效。

当然我们相信，随着入住率的提高及老年人对生活品质要求的提高，将来分成两个组团生活管理仍然十分必要。

> 项目于2014年12月建成运营，设计团队分别于2016年4月和2017年5月进行了实地回访，以了解建筑的实际使用情况。调研发现，当初的设计目标基本实现，使用效果与设计时的设想很接近。

图12 东侧厅实景：用作餐厅

图13 西侧厅实景：用作活动厅

改造设计策略③
公共区域保证视线通达

▶ **采用透明界面保证公共区域视线通达，提升管理服务效率**

组团内公共活动空间的隔断以透明玻璃为主，以保证视线的通透性，不仅便于老年人识别空间，也有助于护理人员看到老年人的活动情况。此外，护理站采用开敞形式，并布置于尽可能观察到整个组团公共空间的位置，让护理人员随时照看到棋牌室、团聚室、门厅、走廊、电梯等区域活动的老年人，及时发现需求并给予帮助（图14）。

> 调研反馈，团聚室十分受老年人的喜爱，经常用于举办小型活动或在家属探望时使用。院长表示，养老设施除了需要提供集体活动的大型活动空间外，还需要提供可满足老年人隐私需求的小型活动室。

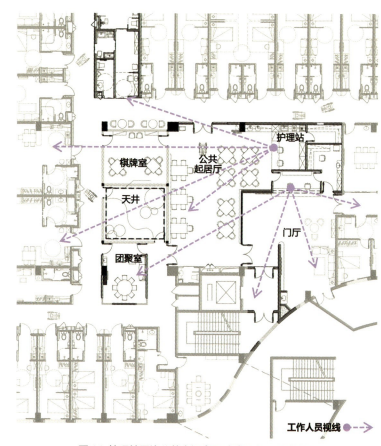

图14 护理站周边公共空间多用玻璃隔断，视线通达

▶ **实际效果：达到设计预期，视线通达性好**

实际调研时明显感受到，由于多采用玻璃作为隔断，加上天井的进光，室内空间开敞明亮、层次丰富（图15）。同时，护理人员也反映，通透的视线让她们对全局有所了解，工作上十分省力（图16）。

图15 从门厅望向公共起居厅实景　　图16 从护理站望向公共起居厅实景

改造设计策略④
双内廊提高交通效率

▶ **打造双内廊,创造捷径,提高交通效率**

由于建筑进深较大,设计时在动线组织上采取了双内廊的形式。为加强两条走廊之间的联系,平面中设置了一些可供穿行的"捷径"(图17),大大缩短了老年人和护理人员的行走距离,提高了通行和工作的效率。

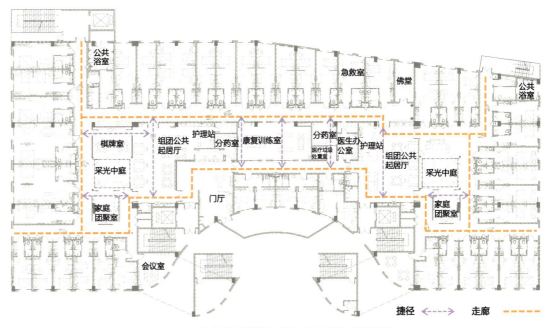

图17 双内廊式动线组织,设计多条捷径,便于穿行

▶ **实际效果:达到设计预期,捷径使用率高**

空间向两侧走廊开门,不仅便于穿行,而且能够吸引老年人前来参加聚会、康复、打牌等活动,提高了空间利用率,同时丰富了老年人的日常生活,营造出积极热闹的生活氛围(图18、图19)。

图18 通过团聚室可直达走廊对面

图19 棋牌室两侧开门,可穿行

改造设计策略⑤

利用现有柱网布置老人居室

广东佛山 | 乐善居颐养院

▶ **合理利用现有柱网，设计 3m 面宽的老人居室**

现有建筑柱网（6m×13m）存在面宽小、进深大的特点，且外立面窗洞口的位置已固定。根据一般的设计经验，老人居室的面宽宜在 3.6m 以上，本项目为适应现有柱网，采用了 3m 面宽的居室布局；这样设计的优点是能够充分切合现有的柱距和窗洞口，并可依据柱网体系尽可能使套型布局标准化，节约室内装修成本，但带来了卫生间过小的问题（图 20）。

由于项目面向中高端客群，居室类型定位为以单人间为主，并需配有独立卫生间。因居室面宽仅为 3m，使得卫生间宽度不足，不得不将洗脸池小型化，部分功能借助备餐台（图 21）。

图 20 老人居室实景：分就寝区及起居区

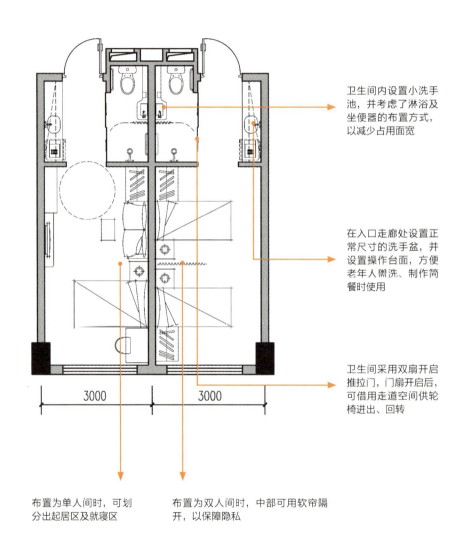

卫生间内设置小洗手池，并考虑了淋浴及坐便器的布置方式，以减少占用面宽

在入口走廊处设置正常尺寸的洗手盆，并设置操作台面，方便老年人盥洗、制作简餐时使用

卫生间采用双扇开启推拉门，门扇开启后，可借用走道空间供轮椅进出、回转

布置为单人间时，可划分出起居区及就寝区

布置为双人间时，中部可用软帘隔开，以保障隐私

图 21 老人居室空间布局及设计要点

▶ **实际效果：居室空间利用紧凑，卫生间稍有调整**

从实际的室内效果来看，虽然居室面宽较窄，但得益于进深较大，可形成靠近窗户的就寝区及靠近内侧的起居区。即使在布置了床、沙发、茶几、电视柜等家具后，室内空间仍较为宽裕。

与设计预想不同的是，设计时考虑到卫生间内部空间较为紧张，建议选用小型洗手池，盥洗等操作则利用卫生间外简易厨房的操作台（图 22 左）。但实际装修时，卫生间内仍安装了普通洗手池（图 22 右），占据了一定的内部空间，给护理员的协助如厕等操作带来不便。

图 22 设计预想的老人居室卫生间洗手池（左）及实际的老人居室卫生间洗手池（右）

▶ **小结**

该设施作为一栋旧建筑改造项目，设计时充分考虑了原有建筑的结构空间特征，采取了一系列设计策略，弥补了建筑先天条件的不足，使得改造后的建筑空间与使用需求相契合。设施充分利用周边的丰富医疗资源，并内设了类型齐全的医疗配套用房，是医养结合模式的一次成功实践。

图片来源： 均来自周燕珉工作室。

> 这是一所坐落于综合性养老社区中的认知症照料中心。圆形平面为建筑功能设计带来了挑战,同时也是创新的机遇。小单元照料模式为认知症老人提供温馨的"小家",丰富的共享空间促进老年人融入亲切的"大家"。

\# 认知症照料中心

\# 适老化景观设计

6

北京长友养老院 认知症照料中心

- 所 在 地：北京市朝阳区
- 开 设 时 间：2019 年
- 设 施 类 型：认知症照料中心
- 总用地面积：39206m²（整个园区）
- 总建筑面积：8212m²
- 建 筑 层 数：地上 3 层
- 居 室 套 数：84 套
- 居 室 类 型：单人间、双人间、四人间
- 开发运营团队：长友养老服务集团有限公司
- 设 计 团 队：清华大学建筑学院周燕珉居住建筑设计研究工作室

项目概述及核心理念

北京 | 长友养老院认知症照料中心

认知症照料采用"小组团、大家庭"模式

▶ 项目整体概述

长友认知症照料中心位于北京市朝阳区，属于长友养生村的一部分（图1）。养生村内还设有健康老人自理生活公寓。照料中心由一栋圆形的商业建筑改造而来，共有3层，其中首层为养生村的社区服务中心，为养生村内所有老年人提供餐饮、活动等服务，二、三层为认知症老人的居住活动空间。

图1 认知症照料中心所在区域分析

▶ 运营理念

运营方希望通过"小组团"的照护模式，为老年人提供熟悉、亲切、稳定的照护环境。同时，运营方希望各照料单元的认知症老人之间、认知症老人与养生村内其他老年人之间能够形成"大家庭"，为入住老人提供正常化的生活体验，创造丰富的社交活动机会，而非将认知症老人过分孤立和隔离。

▶ 设计理念

为了实现运营方提出的"小组团、大家庭"理念，在建筑设计中，采用了9~12人的小规模照料单元划分模式。在原建筑圆形平面基础上，将二、三层平面分别划分为6个照料单元，呈环形排布，中部围绕中庭设置单元间共享活动空间，老年人走出小单元即可享受丰富的社交活动。二、三层的认知症老人也能通过电梯来到首层的社区服务中心，融入热闹的社区生活——使老年人走出"小家"即能够进入"大家"（图2）。

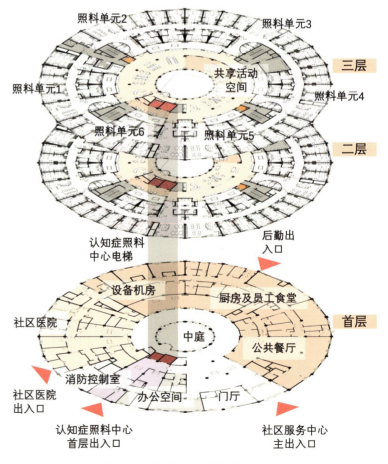

图2 认知症照料中心功能分区分析图

设计特色①

首层：设置开放共享的社区服务中心

▶ **项目定位中的小插曲**

项目设计前期，运营团队曾就中心的首层功能定位开展激烈的讨论。部分管理人员担心其他老年人不愿意接触认知症老人，或认知症老人的精神行为症状可能影响其他老年人活动，计划将楼栋中全部楼层用于认知症照料，而将社区公共服务空间布置在其他区域。

最终，经过反复研讨与推敲，我们与运营团队达成一致，本项目的初心即是通过专业的服务支持，让认知症老人享受正常化的生活，因而决定仍将首层空间设置为开放共享的社区服务中心，通过既能分开又能共用的空间设计，打造多元、丰富的认知症友好社区。

▶ **首层运营模式**

中心首层作为养生村的综合服务中心，设置了社区餐厅、超市、社区诊所等功能空间，能够同时为自理公寓中的老人和认知症老人服务。此外，中央厨房为社区中所有老年人、员工提供餐食，入口大厅的服务台则为社区老年人提供综合服务，并临近设置办公区，满足后勤办公的需求；此外，认知症照料中心设有单独的交通核、出入口及花园（图3）。

图例：
1 认知症照料中心门厅
2 认知症花园
3 社区服务中心入口
4 服务台
5 社区餐厅
6 超市
7 活动空间
8 家庭聚餐包间
9 公共卫生间
10 理发室
11 社区诊所
12 中央厨房
13 辅助入口
14 员工食堂
15 设备机房
16 污物入口
17 消防控制室
18 办公室
19 中庭

图3 认知症照料中心首层平面图

设计特色②

标准层：公共空间注重共享性

▶ **设置单元间共享活动空间**

圆楼的二、三层为标准层，6个照料单元沿平面外环分布，内环则围绕中庭设置了丰富的各单元都能共享的公共活动空间，包括多功能的开放式活动区、认知康复训练室、家庭室等。通过通道中的隔断门，共享空间可灵活划分为两个半圆形活动区，为运营管理提供了灵活性。改造设计时增设的室外中庭，为共享活动空间提供了良好的通风、采光条件（图4、图8）。

▶ **单元间共享活动空间设计特色**

▷ **开放式布局提高共享性**

中心活动空间采用开放式布局，与各组团均能近便联系，使各组团的老年人都能自由进出活动空间，提高共享效率。开放式布局视野开阔，也便于护理人员随时关注在不同活动区域中老年人的动态，有助于节约看护人力。此外，灵活的家具布置方式也为护理人员组织各类不同规模的活动提供了便利（图5、图6）。

▷ **利用灵活隔断提高共享活动空间的适应性**

共享活动空间内设置了两间康复室，中部采用折叠式隔断门分隔，举办大型活动时可将两间康复室连通成为大的活动空间，从而适应和满足不同活动的需求。开展有声音的集体活动如音乐治疗时，可关上隔断以减少对周边活动空间的干扰（图7）。

▷ **近便的公共卫生间方便老年人活动时使用**

共享活动空间两侧各设置了一处公共卫生间，满足老年人在不同区域活动时就近如厕的需求（见图4中的④处）。

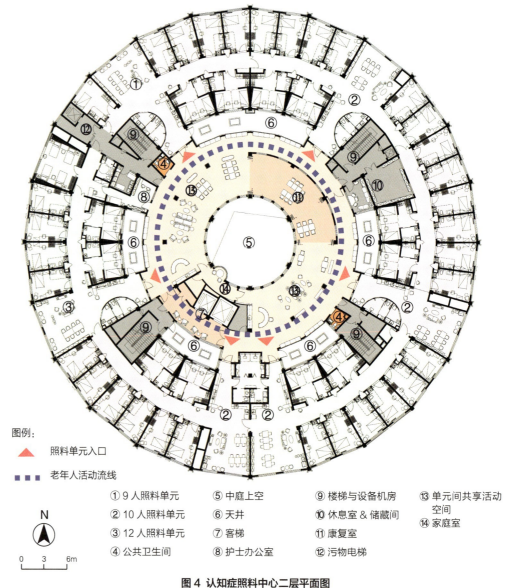

图例：
▲ 照料单元入口
▪▪▪▪ 老年人活动流线

① 9人照料单元　⑤ 中庭上空　⑨ 楼梯与设备机房　⑬ 单元间共享活动空间
② 10人照料单元　⑥ 天井　⑩ 休息室&储藏间　⑭ 家庭室
③ 12人照料单元　⑦ 客梯　⑪ 康复室
④ 公共卫生间　⑧ 护士办公室　⑫ 污物电梯

图4 认知症照料中心二层平面图

▶ 利用共享空间开展集体活动

开展集体活动时使用场景如下：

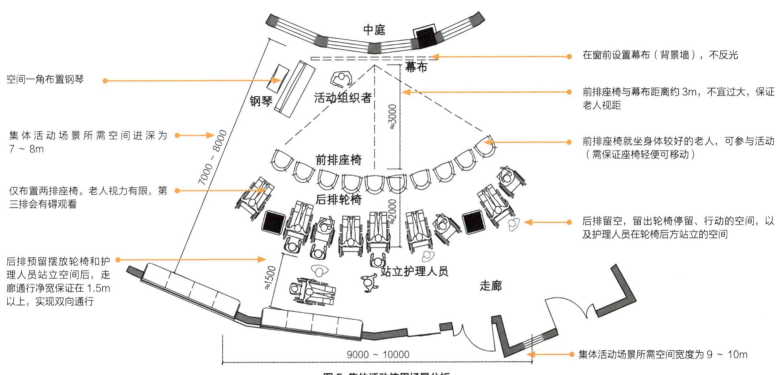

图 5 集体活动使用场景分析

图 6 活动时的场景示意

图 7 康复室设置折叠式隔断门，可实现空间的灵活划分

图 8 中庭采光充足

设计特色③

照料单元:"麻雀虽小、五脏俱全"

▶ 照料单元内设置完善的功能空间

照料单元顺应平面形态以中间为走廊,两侧设置老年人居室;单元内侧对着天井,柱间距小,若设计成一间单人间有些浪费,因此设置为双人居室,外侧柱间距大,分成两开间设置为两个单人居室。照料单元中部设置餐厅、起居厅、开放式备餐区、公共浴室及洗衣房等公共空间,满足老年人的日常生活和护理服务需求(图9,图13~图16)。

▶ 开放式备餐区吸引老年人参与家务活动

开放式备餐区由一条长长的备餐台和其端部的备餐桌组成,设计目的是吸引照料单元内的老年人自然地参与家务活动。备餐桌下部设计成架空的形式,便于老年人坐姿使用(图10)。

▶ 照料单元空间采用主题色彩便于老年人识别

室内色彩设计方面,每个照料单元都设定了一种主题色,单元入口处及公共浴室空间的外侧半圆形弧墙都采用了单元主题色(图11),便于老年人识别自己居住的单元。此外,每个单元入口外侧还设置了与之对应的彩色艺术玻璃窗和标识牌等(图12),便于老年人从单元外部找到自己的家。

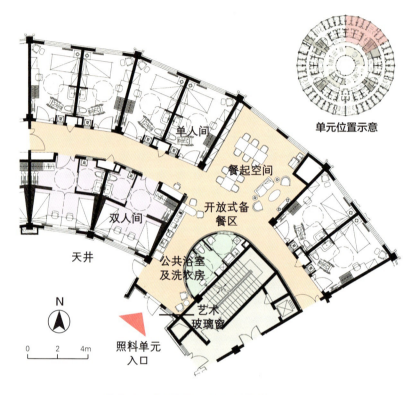

图9 标准照料单元(10人)平面图

图10 备餐台底部架空便于老年人以坐姿使用

图11 照料单元入口可看到带有主题色的弧墙,便于老年人记忆识别

图12 单元入口采用主题色的彩色艺术玻璃、标识牌、玩具、装饰品等,辅助老年人辨识

图 13 多类型灯具布置保证照明

图 14 单元起居厅内设置小尺度的休闲空间

图 15 照料单元内设洗浴、洗衣间，功能齐全，尺度适宜

图 16 单元内的工作台设置在走廊一侧，既方便护理人员随时观察餐起活动空间中的老年人，也能避免"机构感"

设计特色④
双拼单元：提高运营灵活度及空间使用效率

▶ 设置双拼单元提高运营服务灵活度

标准层南侧的两个10人照料单元的餐起活动空间邻近设置，中部隔墙设置连通门，既可以作为独立的照料单元使用，也可以打开连通门，合并作为20人（症状较轻的老年人）的大单元使用（图17、图18）。办集体活动时只需设置一组护理人员就可以兼顾两个起居厅中的老年人，提升照护效率。两个单元独立使用时，也可在夜间打开连通门形成便捷通道，方便护理人员查夜值班，节约人力。

▶ 照料单元共用公共浴室提高空间使用效率

双拼单元的公共浴室设置在两个单元的中部，面积比独立照料单元中的公共浴室更大，包括洗浴、卫生间、污洗间。浴室面向两个单元开门，便于两个单元的老年人和护理人员到达。浴室内通道可作为两个单元的连接通道，方便护理人员在单元间穿行、缩短服务动线。

图17 双拼单元两个起居厅中间的连通门可打开，形成一个大单元

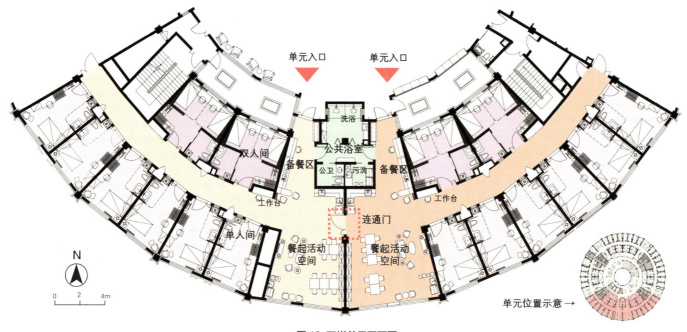

图18 双拼单元平面图

设计特色⑤
单人居室：支持认知症老人自主生活

▶ **居室布局支持认知症老人自主生活**

对于能够安全、独立使用卫生间的认知症老人，可以在居室内配置卫生间，以支持其自主生活。在本项目中，由于单人居室为扇形平面，入口面宽较窄，难以布置单独的卫生间。因此，设计时采用拉帘代替了卫生间门，形成开放式格局（图19）。当拉帘打开时，认知症老人从床头即可看到坐便器，有助于引导其自主如厕（图20、图21）。美国的一项实证研究表明，当认知症老人能够直接看到坐便器时，其自主如厕的频率能够提升6倍[①]。回访时，长友设施内的管理、护理人员也觉得这样开放式的布局有此作用。老年人找不到卫生间的问题得到了解决，空间也显得宽敞，相比于封闭式格局更有助于依靠轮椅、助行器的老年人使用洗手池、坐便器，同时也方便护理人员辅助操作；当然，这样的设计也存在一定问题，例如无法隔绝气味，一些家属在起初看到时不易接受。

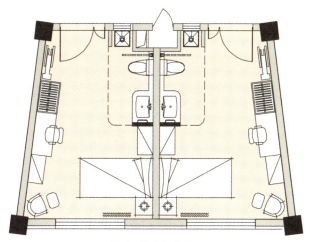

图19 单人居室平面

图20 单人居室内卫生间用拉帘代替门，使认知症老人更容易看到坐便器，提高独立使用卫生间的频率

图21 宽敞的空间方便坐轮椅的老年人及护理人员使用

---

① NAMAZI K H, JOHNSON B D N. Environmental effects on incontinence problems in Alzheimer's disease patients[J]. American Journal of Alzheimer's Care and Related Disorders & Research, 1991, 6(6):16-21.

设计特色⑥

认知症花园：辅助老人疗愈

▶ 认知症花园帮助认知症老人疗愈身心

认知症花园是为认知症照料中心配备的专属花园，希望通过感官刺激帮助认知症老人疗愈身心（图22）。

自然元素中的五感刺激（包括视觉、听觉、嗅觉、味觉、触觉）能使老年人放松身心、缓解认知衰退带来的紧张与焦虑；基于五感刺激开展的相关活动可以帮助老年人获得快乐与成就感（图23）。例如，位于场地中心的花架拱廊能使老年人在散步的过程中近距离接触到花卉，通过视觉、嗅觉和触觉的多重刺激愉悦身心（图24～图29）。

入口花架
一方面，花架与出入口结合可以隐藏入口，避免老年人出走；另一方面，植物的芳香增添了嗅觉刺激

种植与手工休憩区
种植区呈L形，围绕手工休憩区布置；种植花箱为浅盘的样式，下部留空便于坐姿操作或者乘坐轮椅的老年人操作；设有桌椅的手工休憩区则便于开展各类园艺活动，锻炼老年人动手能力，激发其成就感

听觉
利用建筑朝向室外的通风口设置竹子种植池，并在其中悬挂风铃，竹子摇晃与风铃的声音构成了听觉体验

触觉
绿色拱廊种植葫芦，葫芦富有绒毛的叶子与结成的果实成为有趣的触觉体验

味觉和嗅觉
浅盘中种植带有香味的玉簪，或蔬果、香料，刺激老年人的嗅觉和味觉

视觉
位于建筑出入口处的植物组团内点缀有元宝枫及宿根花卉，三季均有变化，形成丰富的视觉体验

阳光休憩区
小型活动广场便于开展做操等集体活动，周边设有休息交流空间

花架拱廊
被花架覆盖的拱廊散步道使老年人可以近距离抚嗅到花卉

观鱼池
提供了水的触感，以及鱼游的视觉乐趣

宠物角
可饲养兔子、鸡、鸟等宠物，通过与宠物互动或照料宠物，调动老年人的情感与生活的热情

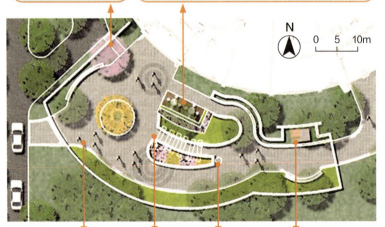

图23 认知症花园中的五感刺激

图22 认知症花园平面图

图24 散步道两旁种植丰富的植被

图25 种植区与种植池实景图

图 26 具有向心感的活动空间

图 27 爬藤拱廊

图 28 怀旧水井

图 29 宠物角

▶ **小结**

  长友养老院认知症照料中心的设计过程参考了许多国内外认知症照料环境的实证研究结果，并与运营管理人员就护理模式与具体服务方式进行了深入讨论，最终设计出能够为认知症老人和照料者提供支持性的空间环境。平面功能布置采用标准单元的划分巧妙化解了原建筑的大体量感，并通过天井与中庭的设计显著改善了通风采光，有助于认知症老人感知空间与时间。功能完善的小单元、丰富的单元间共享空间与开放的社区公共服务空间为认知症老人提供了多层次的活动场所，支持认知症老人度过正常化的、充实愉快的晚年生活。

图片来源： 图 8、图 10 ~ 图 13、图 15、图 16、图 20 由开发方提供，其他图片来自周燕珉工作室。

> 南京银城君颐东方康养社区配有健康老年公寓和护理院,能够满足全年龄段的老人居住需求,并且可以和周边的会所、养老住宅、康复医院形成联动。

养老社区
老年公寓设计
护理院设计

7

江苏南京
银城君颐东方康养社区

- 所 在 地：江苏省南京市
- 开设时间：2019年
- 设施类型：养老社区
- 总用地面积：30016m²（D地块）
- 总建筑面积：77839m²（D地块）
- 建 筑 层 数：老年公寓地上8层，护理院地上6层，会所地上4层
- 居室套数：老年公寓342套，护理院188间（310床）
- 居室类型：老年公寓以一居、两居为主，护理院以单人间、双人间为主
- 开 发 单 位：南京东方颐年健康产业发展有限公司
- 建筑设计团队：上海栖城建筑规划设计有限公司
- 设计咨询团队：清华大学建筑学院周燕珉居住建筑设计研究工作室

项目概述

江苏南京 | 银城君颐东方康养社区

全龄+医疗+护理一体的综合养老社区

▶ 项目整体概述

本项目位于江苏省南京市近郊，钟山风景区东南方向，涵盖全龄人群居住和医疗康复等多种功能，属于综合型养老社区。

整体项目占地约 $12hm^2$，分为A、B、C、D四个地块（图1）。A、B地块为养老住宅，是出售产权的适老化单元式住宅，可供全龄人群居住；C地块为康复专科医院，为整个地块和周边的老年人提供医疗康复服务；D地块包括供健康老年人居住的老年公寓、供护理老年人居住的护理院，以及为本社区和周边居民提供各项公共配套的独栋会所（图2、图3）。

本案例以D地块的老年公寓和护理院为重点分析对象，原因是首先，其直接服务于不同身体状况的老年人，养老服务属性最强；其次，在其建成运营后，设计团队于2020年对其进行了较为详尽的后评估调研，在此，可将更为完整的项目全周期经验作总结分享。

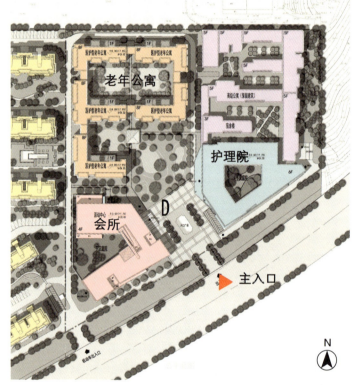

图2 本项目（D地块）整体总平面示意图

图1 总平面图

图3 本项目（D地块）鸟瞰图

老年公寓设计分析①

老年公寓基本配置

▶ **灵活配置多样化小户型**

本项目在 D 地块内为身体相对健康的老年夫妇或独身老年人配置了老年公寓，其设计主要特点如下：

（1）采用外廊式建筑，采光通风条件良好，符合南方地区气候特点（图4）。

（2）所配户型主体为 70m² 的一室一厅小户型，也配有灵活多样的两室一厅和单间户型，适合不同的老年夫妇或独身老年人使用（图5～图8）。

（3）从户型产品面积大小和客群定位上，此处的老年公寓户型与 A、B 地块的住宅大户型（主要是 120m² 以上的三居室和四居室）拉开差距，丰富了产品配置，能够适应不同家庭的居住需求。

（4）套内通过配置开敞式小厨房、储藏间、内外共用的卫生间以及设置回游动线等，灵活地满足老年人的日常所需。

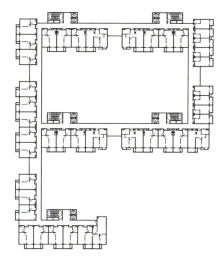

图 4 老年公寓标准层平面示意图

图 5 老年公寓 A 户型平面图
建筑面积：43m²

图 6 老年公寓 B 户型平面图
建筑面积：70m²

图 7 老年公寓 C 户型平面图
建筑面积：90m²

图 8 老年公寓 D 户型平面图
建筑面积：105m²

老年公寓设计分析②
通过后评估调研得到设计反馈

江苏南京 | 银城君颐东方康养社区

▶ **老年夫妇多倾向两居室，并希望两间卧室邻近**

本项目于2019年中开始接纳老年人入住，设计团队在老年人入住一年后，于2020年8月对老年公寓和护理院进行了后评估调研。后文重点阐述本次后评估调研所得结果。

本项目中有两种两居室（C、D户型），均受到老年夫妇的欢迎。老人表示，夫妇俩可以一人一间卧室，避免相互打扰，必要时又有照应。通过调研反馈，了解到老年夫妇更加喜欢C户型——两间卧室邻近，联系近便，且都靠近客厅和卫生间，日常起居便利；而D户型虽然拥有三面宽，采光效果好，但两卧室之间动线较为曲折，不利于老人之间的日常联系（图9）。

由此可见，老年夫妇有入住两居室，一人一间的意愿，并且希望两间卧室邻近，到客厅、卫生间的动线便捷，夫妇两人既能相互照应，又不失居住的独立性。

图9 老年公寓两居室户型（C、D户型）比较

▶ **卫生间两侧开门，适合老人使用**

在本项目主要的一室一厅户型中，卫生间设置"双门"，使老年人既可以从卧室内进入，方便夜间如厕，也可以从门厅、厨房一侧进入，方便白天使用。卫生间的"双门"设计普遍受到老年人欢迎（图10）。

调研中老年人也反馈卫生间的灯具开关仅在卧室一侧设置，使用时略显不便，如果在另一侧门旁也设置开关，会更加符合日常使用需求。

图10 老年公寓B户型平面图

▶ **卧室考虑分床睡的可能**

调研发现，有的老年夫妇会在卧室内布置两张单人床，中间分开一段距离，以免夜间翻身、起夜造成相互打扰（图11）。但这种布置方式可能会遮挡原本为双人床设置的床头插座，给使用带来不便，这引起了设计团队的反思。

老年人因身体条件、生活习惯，或每个季节的日照通风条件不同，常会灵活布置床位。因此，卧室内的插座、开关、照明、装饰等均应该考虑家具自由布置的可能性（如采用可移动的电源和灯具等）。

图11 老年夫妇在卧室内分床居住

▶ 老年人对储藏的需求量大

根据调研，很多老年人是出售了之前的自住房来这里居住的，把这里当成了长期居住的"最后居所"，因此家里很多东西会搬过来，对储藏量的需求较大。

很多老年人会利用床下、柜顶等空间进行储藏，居室中常常堆得满满当当（图12、图13）。D户型设有储藏间很受好评，老人们用来储存大量的收藏品和纪念品（图14）。

有的老年人希望社区内可以提供能够租用的公共储藏间，以便存放过季用品和不常用、却有纪念意义的陈年物品。

由此可见，想让老年人把老年公寓当作长期居住的家，就需为其考虑设置充足的储藏空间。

图12 老年人在床尾增加收纳　　图13 老年人在柜顶储物　　图14 储藏间用来藏书

▶ 开敞式厨房有利有弊

本项目老年公寓中均设置了开敞式厨房。根据调研，开敞式厨房利于家中空间通畅、视线连通，老人们认为这一点十分重要，夫妇之间在做饭的时候能够相互看到，有利于提高内心的安全感。部分老年人也希望开敞式厨房能够设置挡烟垂壁或灵活隔断来适当阻挡油烟。

另外，开敞式厨房方便老年人在厨房旁布置餐桌，实现餐厨一体化，对于常去园区内公共餐厅用餐、偶然在家制作简单食物的老年人来说十分方便（图15）。

图15 开敞厨房利于餐厨一体

护理院设计分析① 　　　江苏南京｜银城君颐东方康养社区

护理院基本配置

▶ **护理院平面功能分区**

本项目护理院收住对象主要是护理程度较高或术后康复期来此短住的老年人。后评估调研时，入住老年人的平均年龄为 85 岁。

护理院地下 1 层、地上 6 层。地下一层主要功能是公共餐厅、厨房、洗衣房、社区服务用房及设备用房等。下沉庭院居中布置，可改善地下一层的采光通风条件（图 16）。

首层北侧是按照社区卫生服务站的规模和标准配置的医疗康复区，包含中医诊疗区、康复训练室和各类诊室等；南侧为老年人活动区，可开展阅览、书画、上网、聊天、台球等功能活动。活动区设计为开敞、连通式的功能空间，可灵活满足老年人的需求，形成亲切、热闹的交流氛围（图 17）。

标准层分为两个组团，分设两个公共起居厅，共用一处辅助服务空间（图 18）。

图 16 护理院地下一层平面图

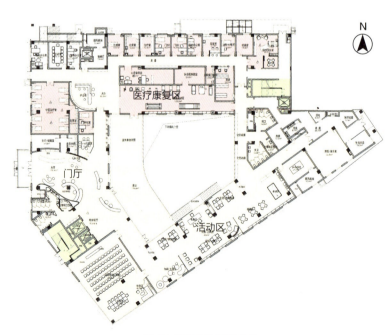

图 17 护理院首层平面图

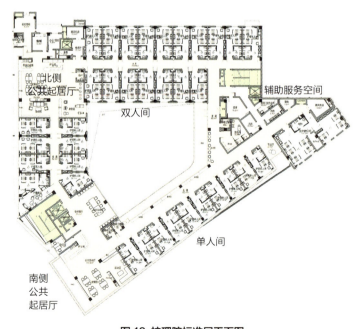

图 18 护理院标准层平面图

护理院设计分析②
通过后评估调研得到设计反馈

▶ **标准层优先使用北侧公共起居厅**

在标准层布局中，两个组团分别设置了公共起居厅——南侧厅和北侧厅，日常主要承担老年人就餐、看电视、打麻将等功能（图19）。在运营初期，老年人入住人数不多的情况下，为了节省人力，集中管理，各层均集中使用一个公共起居厅。

通过调研看到，在南侧厅和北侧厅的选择中，各层优先使用的都是北侧的公共起居厅。原因在于北侧组团房间数量多且为双人间，价格相对南侧的单人间便宜，老年人多数会优先选择北侧组团居住，因此，优先启用北侧厅便于提供就近服务。另外，北侧厅面积较大、视线更为通透，护理站所在位置能够同时看到两条走廊，便于管理，这也是其被优先启用的重要原因（图20）。

图19 公共起居厅日常使用状况

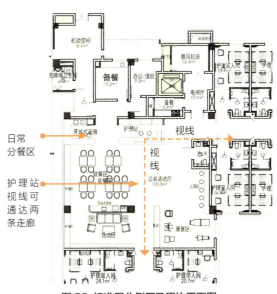

图20 标准层北侧厅及周边平面图

▶ **护理员工作时并不常在护理站中**

根据调研，护理员日常大多数时间会在走廊、公共起居厅、老年人居室等空间内巡视或为老年人服务，并不会常待在护理站内。护理站的主要功能是员工交接班、材料整理与记录等（图21）。因此，护理站并不需要很大，满足1至2人短暂工作即可。

另外，护理站高台部分不宜过长，否则会阻隔老年人与护理员之间的视线联系，影响二者交流。

图21 护理站日常使用状况

▶ **备餐间日常使用率有限**

据护理员反映，日常餐车送餐至各楼层后，通常是利用护理站旁边的台面进行分餐，而不是利用备餐间。原因在于备餐间空间封闭，护理员在里面看不见老年人在外面的情况。

目前备餐间主要作为茶水间和洗涤间使用（图22）。

图22 备餐间日常使用状况

通过后评估调研得到设计反馈

▶ **老年人活动区根据使用需求变换功能**

运营初期,老年人入住不多,多数集中在居住楼层公共起居厅内活动,首层的公共活动空间使用量并不饱和。在此情况下,院方将原多功能厅用作集中办公空间,解决当下整个园区的办公需求;而将原本的开敞活动区一角划定为多功能厅,供全院老年人开展集体活动使用,多功能厅成为所有活动空间中使用频率最高的地方(图23、图24)。

可见,各空间的功能可能会随着运营的不同时期而有所改变。本项目首层空间设计灵活、开敞,为后期改变用途带来了便利。

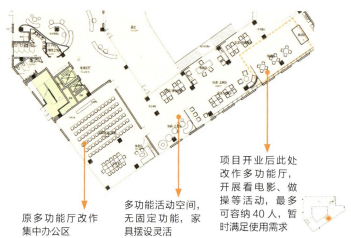

图23 护理院首层老人活动区平面分析

图24 利用开敞活动区设置多功能厅

▶ **中医诊疗和康复训练使用频率较高**

根据后评估调研,在医疗康复区内,使用频率较高的是中医诊疗区和康复训练室,不仅护理院的老年人常来,老年公寓和周边的老年人也会前来(图25、图26)。为了增加就诊面积,北侧的部分办公室也改作了中医诊室。中医诊疗和康复训练均与外界合作,聘有专门的理疗师和康复师,因其具有专业的服务水平而受到老年人欢迎。

心理咨询室使用也较为频繁,院方聘请的心理咨询师、法律咨询师会定期来访。而多感官刺激、音乐治疗等空间因缺乏专业人员引导,目前使用率不高。

由此可见,功能空间的使用率与运营管理的策略息息相关,空间设置要具有灵活调整的可能性。

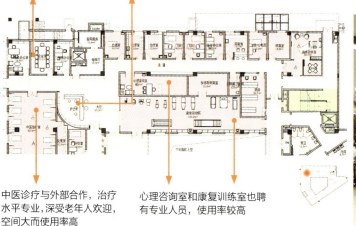

图25 护理院首层医疗康复区平面分析

图26 康复训练室利用率较高

▶ 其他调研反馈情况

单人间更加"抢手"

老年人对于居住的私密性、独立性越来越重视，越来越多的老年人在经济条件允许的情况下倾向于优先选择单人间，或者是包下一个双人间单独居住。

根据调研反馈，运营初期基本不会出现两个陌生老年人同住一间房的情况，同住一间房的老年人基本是夫妻、朋友、亲家等关系。

今后在养老项目的开发设计中，可根据具体条件适当增加单人间的配置比例，以符合老年人的需求趋势。

标准层公共浴室使用率不高

入住护理院的老年人基本都需要助浴，但因身体条件不同所需的助浴服务也不同（有些身体尚好的老年人仅需在洗浴时旁边有人看护即可）。

本项目老年人居室内配有淋浴，大部分老年人都会在居室内洗浴，目前每层所配的公共浴室使用率不高，只有需要卧姿洗浴的老年人才会使用公共浴室。

可见，随着老年人对于私密性要求的提高，公共浴室的使用率不会很高，面积设置不必太大。

洗衣主要使用地下层公共洗衣房

本项目在地下层设有公共洗衣房，在每个居住层还配有小型洗衣房。

调研了解到的洗衣工作流程为：①各楼层护理员收集老年人的脏衣→②洗衣工到各楼层收衣服、登记，后运至地下层公共洗衣房洗衣、烘干、熨烫、叠衣→③洗衣工分送洗好的衣物到各楼层，护理员签收。

可见，大部分衣物洗涤由公共洗衣房承担，仅皮肤病老年人的衣物和被污染的衣物单独在居住层的小型洗衣房洗涤。另外，个别不愿混洗衣物的老年人，也会要求在本层洗衣房洗涤。

▶ 小结

后评估调研有利于深入了解项目运营服务情况，并且对空间设计的利弊进行反思，为后续同类项目的开发、设计提供经验。从效果来看，我们认为养老项目宜在运营一年后开展针对入住老年人和运营管理人员的后评估调研。

团队在与院方总结项目经验时了解到，护理院310床的规模稍显过大，在护理院高流动性（老年人病逝和术后康复回家的情况较多）的情况下，床位的流转率很高，实际很难住满，造成了一些空间，特别是公共空间的闲置和浪费。院方认为护理院150床的规模比较合适。若床位规模缩小，可适当减少首层的公共活动空间，因为护理程度较高的老年人多数是在本层的公共起居厅活动。

图片来源：案例首页图、图11～图15、图19、图21、图22、图24、图26由周燕珉工作室拍摄，其余均由设计方提供。

> 本项目充分考虑了与周边社区、景观的融合，打造成一间可辐射周边的综合服务设施。并且，内部空间注重步移景异，视线通达且层次多样，形成了丰富、有趣的室内活动空间。

\# 养老社区

\# 社区融入

\# 内部空间灵活

8

江苏昆山巴城镇养老社区

- 所 在 地：江苏省昆山市
- 设 施 类 型：养老社区
- 总用地面积：15591m²
- 总建筑面积：20000m²
- 建 筑 层 数：地上9层，地下2层
- 居 室 套 数：自理116套、护理150床
- 居 室 类 型：两室一厅、一室一厅、双人间、单人间、双拼间
- 开 发 单 位：昆山城市建设投资发展集团有限公司
- 建筑设计团队：清华大学建筑学院周燕珉居住建筑设计研究工作室
  北京弘石嘉业建筑设计有限公司

项目概述

城市近郊的综合养老社区

江苏昆山 | 巴城镇养老社区

▶ 项目区位

本项目位于昆山市巴城镇。巴城镇拥有阳澄湖等众多自然湖泊，是昆山十分宜居的地区。本项目基地距离阳澄湖站、昆山站较近，属于城市近郊型的养老社区（图1）。

用地周边拥有大面积的公园和湖泊，自然条件良好，其东南侧紧邻一片住宅区，本项目可与之形成良好的社区互动。

图1 项目区位图

▶ 项目定位及功能布局

本项目客群主要面向昆山市，重点收住60岁以上的自理老年人，并兼顾一定数量需要护理服务的老年人。因此，本项目主体分为三栋楼，包括两栋自理公寓、一栋护理机构。同时，三栋楼底层设有裙楼，为本项目及周边社区提供丰富的养老配套服务空间。

在整体布局上，两栋自理公寓临湖而建，自然条件优越，并且围合形成内部专属的花园，提高了老年人的居住品质；作为裙房的公共配套对内可服务于三栋楼的老年人，对外与护理机构一起向周边辐射，方便与附近社区形成互动（图2、图3）。

图2 项目总平面图

图3 项目鸟瞰图

与社区、景观融合的服务设施

▶ **项目功能分析**

本项目与周边景观充分融合，便于引入周边社区人流，为其提供多样化的社区服务。

本项目有以下三类主要功能具体分析如下（图4）：

（1）自理公寓：两栋，均为9层，共计116套自理型养老住宅，户型以一室一厅为主，并且在端部、面向湖泊处设有两室一厅的户型。楼间的花园与周边的公园、湖面在视觉上融为一体，景观良好。

（2）护理机构：6层，以双人间和单人间为主，少量配置双拼间，共150床。首层转角部设有社区医疗、康复中心，可辐射周边社区提供相应的医疗康复服务。

（3）公共配套：1层，主要功能包括入口大堂、公共餐厅、厨房、多功能厅和各类活动空间。不仅能满足对内服务，餐厅还可面向周边社区开放，多功能厅和几个活动空间可以对外出租使用。这样不仅增强了项目人气，同时也为项目创造了可持续的运营收入，使本项目不再是一个孤立的养老机构，而是一个可充分融入社区的综合服务设施。

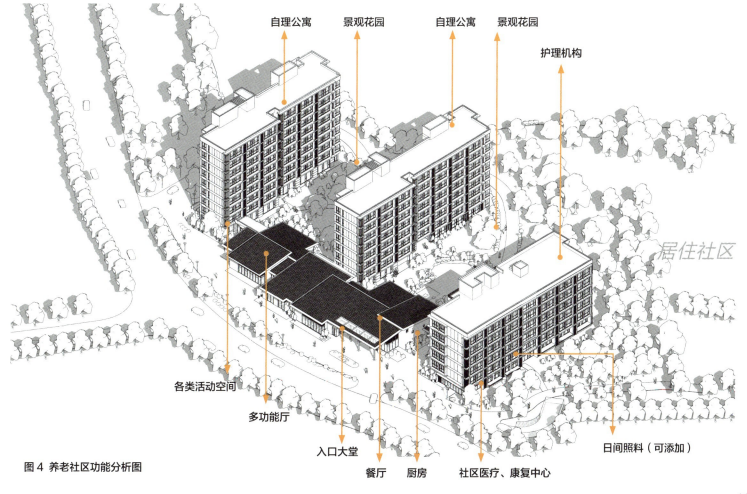

图4 养老社区功能分析图

设计特色①

运用多种设计手法实现社区融入

江苏昆山 | 巴城镇养老社区

▶ **区分内外流线**

本项目在实现社区融合的同时，也十分注重保护入住老人的生活私密。因此，本项目在设计时注重区分社区外部人员流线和内部老年人流线，两者可通过特别设置的门禁进行分隔，达到可分可合的目的。

内部老年人拥有专属的花园和活动空间，不易受到外界的打扰；外部人士也可方便、快捷地到达和使用沿街的医疗康复、日间照料、多功能厅和其他公共配套空间（图5）。

图5 建筑内外人流分析图

▶ **打造亲切宜人的入口空间**

建筑主入口特意打造出亲切尺度，并采用坡屋顶，覆盖形成入口小广场，为居民提供一个可以遮风避雨、内外过渡的灰空间（图6）。沿街面的餐厅、接待大厅均采用玻璃幕墙，通透的空间向外界展示养老社区的日常生活，吸引社区居民进入。小广场上还设置了休闲座椅，方便老年人在此休息聊天。

图6 建筑主入口效果图

强调室内空间与外部环境的视线联系

为了让入住在本项目中的老年人在公共区域活动时感受到社区内外的氛围和环境，促进老年人与社区居民的互动，并削弱长且封闭的内部走廊所带来的闭塞感，本项目在设计公共配套时非常关注内外空间之间的视线联系。

公共配套空间的主走廊每隔一段就会设置一处"通气的地方"，利用门厅、休息厅、小庭院，将社区内外的环境打通，取得风、光及视线的联系（图7、图8）。

通过内外交融的环境设计，也使外部街道的生活和氛围更容易影响养老社区，从而削弱养老项目给人带来的封闭感。

图 7 公共配套空间视线分析图

社区内部 ———— 竹林庭院 ———— 走廊 ———— 休闲空间 ———— 户外街道

图 8 公共配套空间剖切分析图

设计特色②
公共空间"步移景异"

江苏昆山 | 巴城镇养老社区

▶ **公共配套空间设计分析**

公共配套空间内部将常规的室内走廊拓宽，结合室内设计，形成有节奏的半开放空间，并配置棋牌、阅读、聊天等功能，将长者从传统封闭的活动用房中解放出来，进入轻松、休闲的街区环境当中去，打造形成具有江南风情、"步移景异"的生活小街（图9）。

穿插设置庭院

公共配套空间的主走廊一侧插入设计三个小庭院，充分引入自然景观和光线，人在建筑内就可以望到北侧的湖景，而且自然景观的柔性边界有效形成了步移景异的效果，使人在行进中感受到空间有节奏的开合

利用外廊形成多种路径

公共配套空间外围设置外廊，便于公寓内的自理老年人直接通往餐厅、门厅等公共空间

教室、多功能厅均对外设门，便于对外出租使用

多功能厅外设卫生间，租用场地者或社区居民均可使用

图9 公共配套空间平面图

设计特色③
屋顶设计错落有致

▶ **裙房屋顶设计分析**

结合传统屋顶形式

依据江南地区传统坡屋面意向,本项目公共配套空间设置深灰色的缓坡屋面,融入当地建筑风情。

弱化建筑体量

一般公共配套空间含有餐厅、多功能厅等较大面积的房间,与小教室、办公空间等尺度差别较大,如果全部依据大空间的高度进行设计,建筑体量就会很大。本项目为了打造建筑的亲切感,将整块的建筑体量进行切割,依据内部功能分隔屋面,形成高低错落的小块屋顶,不仅符合内部空间的功能需求,而且实现了化整为零,呈现出具有亲人尺度的建筑形式(图10)。

注重采光通风

利用高低错落的屋顶,在形成丰富形态的同时,通过高侧窗增加室内的采光和通风,营造良好的室内物理环境(图11)。

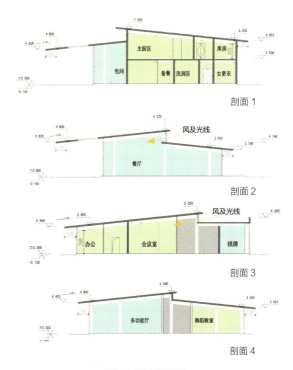

图 11 屋顶剖面图

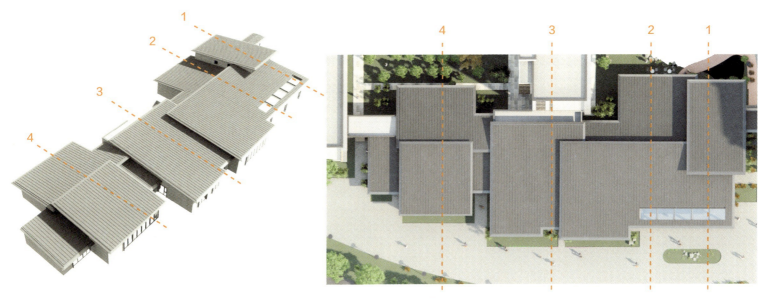

图 10 屋顶设计分析图

设计特色④
护理机构灵活、适用

江苏昆山｜巴城镇养老社区

▶ **护理机构各层平面设计分析**

护理楼首层一半设置医疗康复空间、集中餐厅等配套空间，另一半设置一个完整、独立的居住组团（图12）。标准层设有双人间、单人间、双拼居室等户型，并配有护理服务所必需的公共空间及辅助服务空间（图13）。

医疗康复区与餐厅之间可连通
便于内部流线互通，必要时也利于变换功能，实现可分可合

餐厅可灵活用作其他功能
餐厅及其外部的门厅，可用作护理老年人的集体活动空间

必要时，餐厅也可添加日间照料功能，直接对外面向东南侧的社区开放

预设独立组团，应对特殊需求，并避免公摊过大
由于北侧裙房设有较全的公共配套空间，因此，护理楼首层只配置了餐厅、门厅等少量的公共空间，节约出的空间设计为一处独立的居住组团

此组团因在一层并配有独立花园可灵活用作疫情隔离区、认知症照护组团等特殊用途

居室空间设单、双床均可
用作疫情或认知症照护时可变单人间

避难间可兼晾晒功能，提高利用效率

集中设置助浴、洗衣等辅助服务空间

少量设置双拼居室
满足部分老年夫妇分房居住的需求

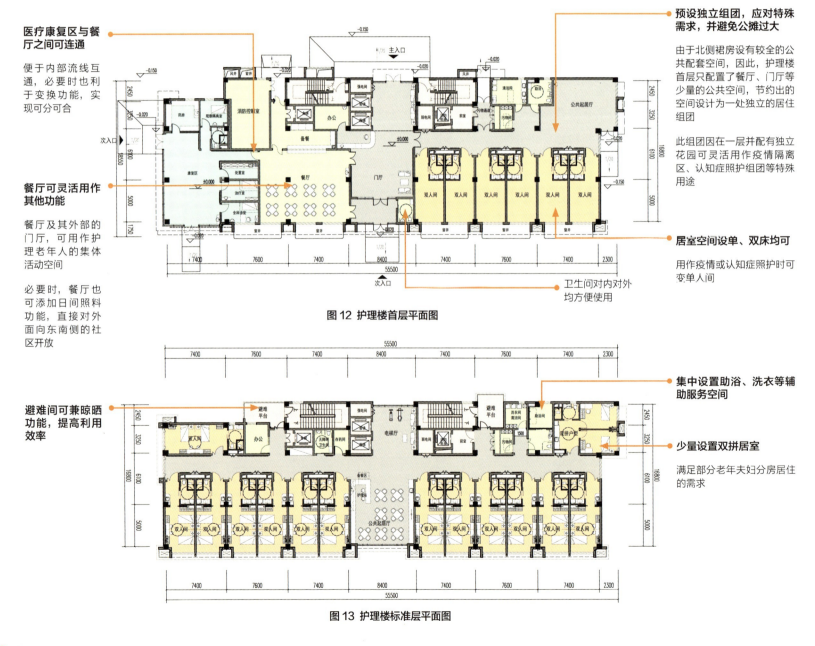

图12 护理楼首层平面图

图13 护理楼标准层平面图

设计特色⑤

自理公寓高效、舒适

▶ 自理公寓标准层设计分析

自理公寓采用单廊式结构布局，居室全部朝向东南侧，采光条件、视野效果极佳，并且能够保证走廊、公共空间整体的采光和通风，老年人的居住品质得到提升。

另外，为了避免长直走廊给空间带来的单调感，走廊设计为折线形，在丰富空间形象的同时，还能削弱建筑的体量感，更容易形成小而温馨的居住环境（图14）。

建筑在外立面设计上注重传统与现代相结合，采用偏传统的材料和颜色，并注意加强线条划分，形成现代简约的整体风格（图15）。

图15 自理公寓外观

电梯厅借用走廊空间设置，减少公摊

另外，客梯和消防电梯之间的门靠近电梯侧设置，方便老年人候梯时可同时看到两部电梯的情况

设置小型活动厅，进一步提升采光通风效果

符合南方地区建筑对于通风通道的设计需求

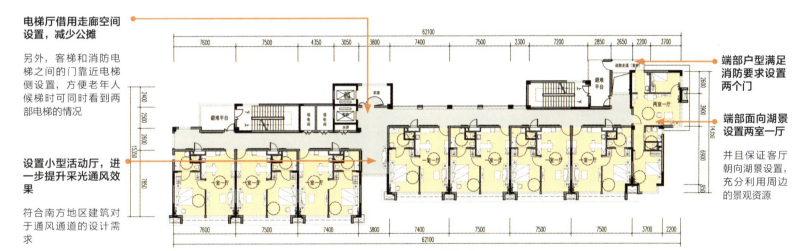

端部户型满足消防要求设置两个门

端部面向湖景设置两室一厅

并且保证客厅朝向湖景设置，充分利用周边的景观资源

图14 自理公寓标准层平面图

▶ 小结

昆山巴城镇养老社区在项目设计中始终关注如何让养老社区融入周边环境，尝试打造一个"非与世隔绝"的养老项目，使老年人生活在其中，仍然可以保持日常与外界的联系，并且吸引周边社区居民与其互动，实现良好的可持续发展。

另外，本项目在具体功能的设计上，也十分注重空间的灵活化处理，保证各项功能可以根据实际的运营情况进行调整，既可避免空间浪费，又可灵活应对不同阶段运营中出现的各种问题和需求。

图片来源：均由设计方提供。

> 华润置地悦年华·颐养中心（北京瀛海）是一个轻资产改造项目，利用既有项目外立面特点与独立院落优势，延续北京"学院风""花园式"的人文风格，提升入住老人的生活体验。

综合型养老设施
组团式照料
医养结合

9
北京瀛海悦年华·颐养中心

- 所 在 地：北京市大兴区
- 开 设 时 间：2020 年 10 月
- 设 施 类 型：综合型养老设施
- 总建筑面积：18378m²
- 建 筑 层 数：地上 5 层，地下 1 层
- 床 位 总 数：340 床（自理 170 床，护理 170 床）
- 运 营 团 队：华润置地康养事业部
- 设 计 团 队：北京天华北方建筑设计有限公司、北京维拓时代建筑设计股份有限公司
- 设计咨询团队：清华大学建筑学院周燕珉居住建筑设计研究工作室

建筑状况

北京 | 瀛海悦年华·颐养中心

项目概述及场地布局

▶ 项目概述

悦年华·颐养中心（北京瀛海）项目位于北京市大兴区瀛福路9号院，南五环外，属于城市近郊。该设施属于"华润置地·悦年华"旗下的养老设施，由华润置地华北大区运营。主要面向自理、半自理和失能老人，为其提供护理、医疗康复等养老服务。在整体外观及室内风格上，本设施延续悦年华其他养老项目的学院风和花园式的空间品质标准，形成北京地区"悦年华"产品线特征（图1）。

本设施于2020年10月开业，截至2021年10月13日，共入住老年人109人，其中认知症老人28名。老年人入住的平均年龄是84.6岁。老年人主要来自本市（北京市），也有部分外省老年人，约占5%。

图1 项目外观

▶ 原建筑条件及场地布局

本项目为旧建改造，原建筑为工业用地配套厂房，共有D、E、F三栋楼，总建筑面积18378m^2，其中地下5670m^2。本建筑外立面品质良好，主体条件较好，内部结构施工状况良好，无私搭乱建情况（图2、图3）。

F楼：
地上建筑面积：2967.8m^2
一字形平面；共3层

D楼：
地上建筑面积：6260.8m^2
回字形平面；共5层

E楼：
地上建筑面积：3386.9m^2
工字形平面；共3层

图2 本项目整体总平面示意图

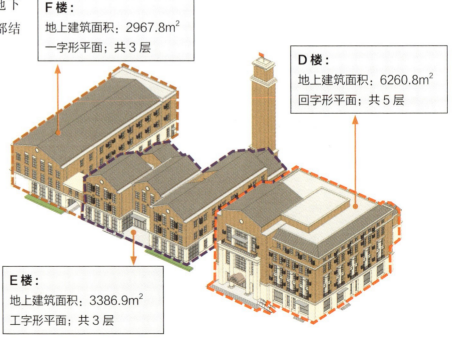

图3 项目模型示意图

功能布局
最大化利用现有资源，合理布局

▶ **功能布局**

由于该项目为改造项目，原建筑具有历史风貌特征，业主（运营方）希望减少土建改动量，但要将每一寸空间都充分利用起来，以实现运营后收益平衡。

在充分考虑到以上条件，以及建筑现状情况和养老规范的限制，设计将D座（北楼）作为护理楼，E楼作为自理后期转护理的介助楼，F座（南楼）作为高龄自理楼（图4）。同时，尽量保留原有楼电梯、设备机房和后勤用房；并在有外窗的空间尽量布置居室，最大化床位数的同时让居室有良好采光。另外，将E、F楼首层外廊封闭，作为楼栋门厅，充分利用原来的消极空间。

还将医疗康复空间集中设置在设施中部的E栋首层，便于就近给所有老年人提供服务。该区域有独立的出入口，且紧邻设施主要出入口，在发生突发情况时方便对外紧急送医，这样能够减少对其他入住老年人日常生活的影响，也便于单独运营管理。

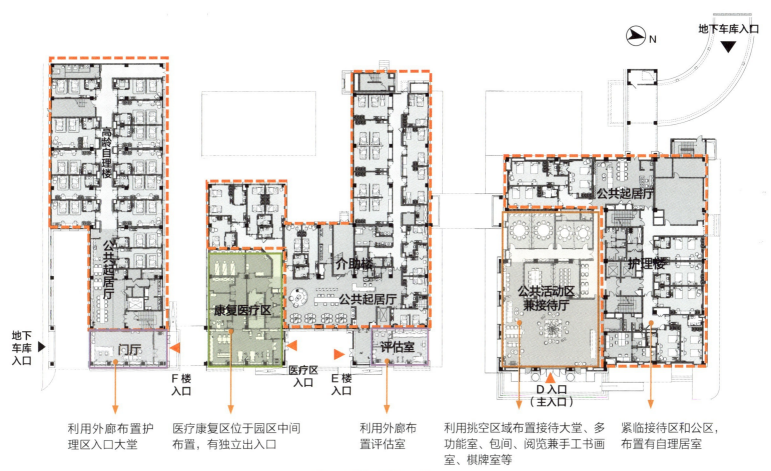

图4 首层整体平面布置图

设计特色①
不同身体条件老年人对应不同平面布局

北京 | 瀛海悦年华·颐养中心

在经过一年左右的运营后，工作室团队和运营方共同对该项目展开了全面的使用后评估工作。通过两次实地调查和与护理人员、管理者以及入住老人的深入交谈，发现该项目在现使用阶段大部分功能与当初设计规划是一致的，在室内软装上也得到了使用者的好评。但也存在一些问题和矛盾之处，这可能与目前入住老年人数量、建筑原有条件以及施工质量有关。本节，我们选择部分空间与大家共同探讨，希望这些讨论能为今后的其他项目建设提供有益参考。该设施三栋建筑分别为一字形、工字形和回形平面，分别体现了照护者与自理老人、介助老人、介护老人三种被照护者之间的关系，老年人可按自己的身体状况选择不同的楼栋入住。

▶ 一字形平面对应自理老人

F楼是一字形平面，主要入住对护理服务依赖程度较低，且非常重视隐私和自由度的高龄自理老人（图5）。由一条线性走道串联起老人居室，端头设置公共起居厅、配套服务用房及楼电梯，与老人居室适当分离，避免公区活动声音打扰到老人日常休息，也让老年人能够随时看到工作人员，有需求时能及时得到响应。

▶ 工字形平面对应介助老人

E楼工字形平面为介助楼，针对有一定辅助护理需求的介助老年人（图6）。将公共起居厅设置在中间连接处，在初期老年人身体条件尚好时，可对整层统一服务，集约管理。后期当老年人身体状况逐渐加重，照护难度和工作量明显提升时，可灵活划分为两个护理组团，保证服务质量的同时提升老年人的护理等级。

图5 高龄自理楼典型标准层平面

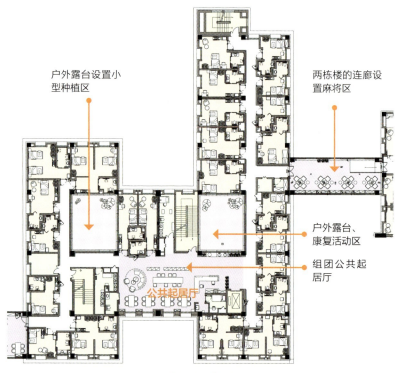

图6 介助楼典型标准层平面

▶ 回形平面对应护理老人

D 楼设计为回形平面，目前主要入住重度护理老人和认知症老人。将中间紧邻核心筒的区域作为本楼公共起居厅，老年人居室沿四周有窗户的空间进行布置，这种平面布局方式，能保证每个老年人居室均有采光和通风。同时，利用环形走廊串联起老年人居室和主要活动空间，方便老年人在因天气不好或身体条件欠佳等不便下楼外出锻炼的情况下，也可以在本层内慢走、散步。老年人打开房门就是护理站和公共活动空间，方便他们能随时得到护理人员的帮助和加入集体活动（图 7）。

在现场调研中，我们也发现该项目布局存在一些局限，由于公共起居厅利用了中部空间但无法得到充足的自然光，白天需要将灯具全部打开进行照明，较为费电，且室内整体自然通风条件也欠佳。另外，护理站存在一定的视野盲区，看不到背后走廊中老年人居室的门。

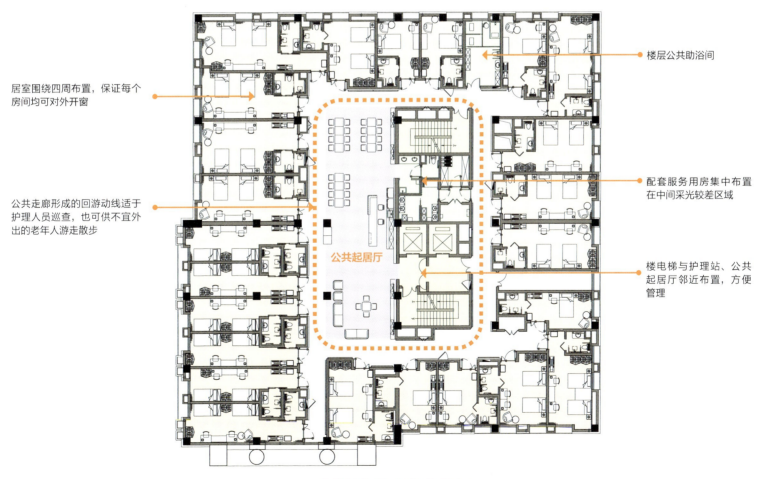

图 7 护理楼典型标准层平面布局

设计特色②
医疗康复区灵活配置

▶ 灵活配置，弹性设计

该设施是通过内设医疗机构为入住老人提供医疗服务的。在平面布局上，分为医疗区和康复区（图8）。日常来康复的老年人可直接进入康复大厅，不必进入医疗区。但缺点就是部分通过门厅进入医疗区的老年人会对康复人员造成一定的干扰。运营方计划，随着入住老人的增加，后续会将部分非专业性的日常康复活动器械分散布置在老年人居住的楼层，如利用连廊、公共起居厅等位置，供老年人随时就近使用。

考虑到服务对象为内部老年人且较为固定，就医也多为预约，所以人流量不会很大，医护人员也不多，设计时将挂号、收费与取药功能合并到一处窗口，由一名医疗专业人员来负责，节省了人力，也可高效利用空间。医疗区的药房主要存放所有入住老年人的日常用药以及护士摆药工作，护士提前1天会把药分给组团护理员，再由护理员在规定时间内给老年人服药，这种运营方式，既节省医护人力，也保证每个组团的老年人都能按时、准点用药（图9～图11）。

图8 医疗康复区平面布置图

图9 康复大厅

图10 全科诊室

图11 综合治疗室

设计特色③
活动空间灵活、多样

▶ **灵活、多样的活动空间为老年人提供多种选择的可能性**

为了支持不同需求和爱好的老年人开展活动，设计时充分利用设施内每一个空间，打造多样化的活动空间。除了首层的公共大厅能满足大型集体活动外，还利用连廊、边角处设计了老年人可以独处的空间以及小团体开展活动的空间，为老年人提供丰富的选择。

首层门厅与多功能室的就近设计，使得空间具有多样性，能开展大、中、小型的各类活动（图12）。当多功能室将门全部打开时，和门厅一起形成更为开敞的空间，可以在节假日举办大型集体活动。在平时，多功能室作为一间独立的活动空间使用时，可以开展小型论坛、党建生活、观影等活动。门厅靠窗一侧布置几组不同形式的座椅，组成一个丰富的活动休息区（图13）。老年人可以独自坐在这里看门厅人来人往，也可以加入两三人的活动小组，这种布局方式使老年人作选择更为随性、自在，多样的活动组团也让门厅充满热闹的氛围。

图12 门厅与多功能厅融合设计

图13 门厅沿窗空间设置休息区

在人流量较大的连廊一侧设置可供休憩的座椅和麻将桌，方便老年人走路累了休息一下，还能创造"不期而遇"的交流机会（图14）。棋牌活动的娱乐性强，十分受老年人欢迎，路过的老人们可以随便看看，也可以自然地加入到活动中。这种小型化的活动空间给单一功能的走廊增加了丰富感，又给老年人们创造多样化的活动选择。此外，将偏离主要交通流线的走廊端头设置为较为安静的阅览、书画、手工类活动空间，也为入住老人提供了一个舒适、安静的好去处（图15）。

图14 连廊设置多组麻将桌，营造热闹氛围

图15 轻松、宁静的书画室

设计特色④
居家组团具有生活氛围

北京 | 瀛海悦年华·颐养中心

▶ 公共环境亲切、安心

每个组团的公共起居厅都留有增放家具和小摆设的场所，便于运营时照护人员根据入住老人的喜好进行针对性地布置，这样带有个人生活特点和爱好的布置方式，能极大地增加老年人的归属感。比如选用温馨的布艺沙发、木质桌椅茶几等，并通过软装、小摆件等打造居家风格。在书画作品、照片等物品的摆放上，像家庭一样采用不同类型的画框进行展示，让整个空间感觉像自家的客厅一样。

为避免空间产生机构感，组团公区没有设置专门的护理站或护理台，将记录工作与备餐工作合并在一起，护理记录工作在操作台上进行，这样护理人员在记录时也能随时看护到老年人的活动，让老年人产生安心感（图16）。

图16 像家里客厅一样的组团起居厅

▶ 居室可灵活、自主布置

在双人间设计上，预留好后期布置调整的弹性空间，老年人可以根据需求在必要时撤去一张床位，加入餐桌、沙发、书桌等家具，改造为带有起居功能的单人间使用（图17）。同时，在居室布置上，也留有让老年人自主布置的空间，如摆放他们自己喜欢或熟悉的家具及个人物品，如书桌、小沙发、小型衣柜、窗帘、子女的照片、孙子孙女的画等，这些小物件对于老年人来说意义重大，因为它们代表了对所爱之人的回忆。使空间更为个性化和私人化，可以尽快将一个陌生的环境转变为一个自己认可和熟悉的地方。

图17 单人间与双人间可相互转化

▶ 老人可与员工互动

院内员工会和老年人们一起做活动、讨论日常生活事务。例如，分享自传和老照片，谈论朋友和家里的事情，这对于保持与过去自我的连续性，以及相互熟悉和了解，都是很重要的。

在用餐方式上，组团起居厅则采用了大家庭式用餐方式，当班护理员和老年人都在本组团公共起居厅用餐，且老人餐和员工餐的内容是完全相同的，大家围坐在一起用餐，像一个家庭，其乐融融（图18）。

图18 就餐时间，老年人与护理人共同就餐

小结
服务模式

在对该项目的数次调研中，我们除了针对入住老年人的生活现状和空间使用情况进行调研之外，还对管理方（院长）和一线护理人员进行了深入访谈，了解项目整体运营情况，以及人员安排、成本能耗、服务概况、空间使用、服务模式等信息。

▶ **护理服务及供餐模式**

该机构以照料单元为单位开展护理服务工作，每个照料单元22~26床。自理老人照料单元平均配置3至4名护理员，认知症老人照料单元配置7至8名护理员。护理人员工作没有硬性的固定模式，由护理主管灵活安排。

我们注意到，超过90%的老年人会在照料单元内的公共起居厅用餐（图19），只有少数老年人（如回民等）会在自己的居室用餐。餐食是由厨房制作，然后由送餐员用餐车送至照料单元。为了满足老年人的口味偏好，护理人员会将餐食采用小碟子分装，主食、凉菜和汤都是按需供应的（图20）。用餐后餐具会收回到厨房进行消毒清洗，然后再送回各个单元，存放在消毒柜中。这些服务模式对我们设计工作者在分配空间、布置家具上有很多的启发。

▶ **后勤服务模式**

在这个案例中，我们可以看到每个照料单元为老年人提供了在居室卫生间和在公共浴室洗浴两种选择。公共浴室目前还未启动，原因是老年人身体尚好，服务人手也够用，所以多在居室卫生间内洗澡。但考虑到以后入住的乘坐轮椅的老年人或卧床老年人会增多，管理人员也认为留有公共浴室是有必要的。

此外，每个居室内都为老年人提供了洗衣机，老年人可以自己或在护理人员的协助下，在居室卫生间清洗衣物和床单等物品。老年人认为这种洗衣方式更加卫生、方便，家属也十分认可（图21）。

本设施为老年人提供了多种生活选择，能够满足老年人的不同需求和偏好，提高了老年人的生活质量，照顾到了老年人的自尊心。尽管在某些方面还存在一些问题和困难，但是总体来说，老年人在这里的生活是非常安全和方便的，也让家人放心、安心。

图19 组团中午用餐情形

图20 老人餐用小碟子进行分装

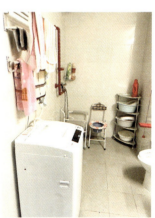
图21 老人居室卫生间内设有淋浴和洗衣机

图片来源： 案例首页图、图1、图13、图16、图17由运营方提供，图2~图8由设计方提供，其余来自周燕珉工作室。

> 本案例总床位规模达900多张，是一座位于北京的超大规模公建民营养老项目。该项目旨在打造养生、交流、休闲的全龄化养老社区，为老年人创造一个有温度、有惊喜、有感动的互动颐养场所，让他们告别以往得过且过的老龄生活，从安身养老变成健康享老。

\# 综合型养老设施

\# 组团式照料

10
北京丰台德润里养老院

- 所 在 地：北京市丰台区
- 设 施 类 型：综合型养老设施
- 总建筑面积：地上 38483.63m²，地下 21201.66m²
- 建 筑 层 数：12层
- 床 位 总 数：970 床
- 居 室 类 型：双人间、单人间、套间
- 开 发 单 位：北京市民政工业总公司
- 设 计 团 队：北京弘石嘉业建筑设计有限公司
- 设计咨询团队：清华大学建筑学院周燕珉居住建筑设计研究工作室

项目概述
项目区位及场地布局

项目区位及客群定位

本项目位于北京市南四环南侧1公里处的丰台区大红门久敬庄甲1号、甲3号地块中。该地块原为市属福利企业的划拨用地,隶属于北京市民政工业总公司。地块内原有三家福利企业,共有479名职工,其中182名为残疾职工,是民政局系统安置残疾职工就业上岗的重点单位(图1)。

为了保障职工的就业、就医和养老问题,北侧的A、B地块规划为城市绿地,南侧的C、D地块规划为养老设施及相关配套设施用地(图1红色虚线框用地)。其中,C地块将建设二级综合医院,可提供医疗、护理、康复等服务。D地块将建设为养老机构。本篇将对其中D地块的养老机构进行重点介绍。

该养老机构定位为面向周边老年人提供居住、照料、养生等功能的全龄化养老机构,主要服务对象为55岁以上的活力老年人和需要专业护理的失能、失智老人和高龄自理老人。

场地布局

项目用地位于十字路口的东南角,西侧和北侧临路,东侧为公园绿地,南侧为仓储用房,用地内基本不受周边建筑日照遮挡。综合考虑各方面条件后,养老机构建筑采用了围合式的平面布局,由两栋12层的L形平面高层建筑分别布置在场地的西北角和东南角,并通过一座3层裙楼相连接,主入口设置在北侧。其中,西北侧的高层建筑主要服务于护理老人,东南侧的高层建筑主要服务于自理老人,两栋建筑共提供451套老人居室、792张养老床位,可根据实际入住需求灵活调节自理和护理部分的居室配比。裙楼部分为两栋高层建筑共享的公共活动空间,为入住老人和周边社区居民提供文娱活动、餐饮、商业、便民服务等方面的配套设施(图2)。

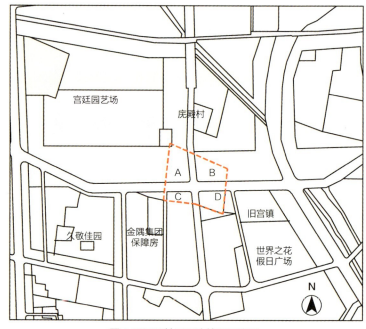

图1 项目用地及周边情况示意图

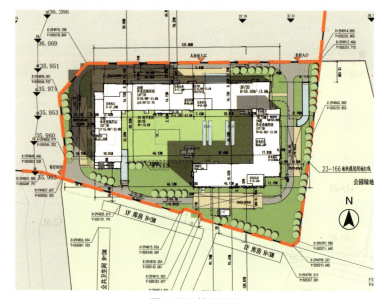

图2 项目总平面图

形态生成与建筑外观

▶ **形态生成分析与建筑主要立面**

1. 布置基本建筑体量,南侧留出开口,让阳光照进院子。

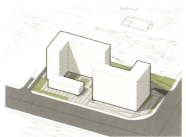

2. 楼栋高低变化,形成丰富错落的建筑体量;转角退让,消减街角压迫感。

3. 深化各体量穿插关系,加强裙房联系,并按要求设置穿过建筑的消防车道,使各体块虚实结合,相互呼应。

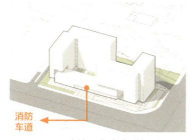

图3 建筑形态生成分析图

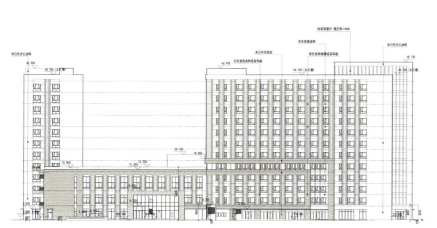

图4 建筑主要立面图

▶ **建筑外观**

图5 鸟瞰效果图

图6 由北向南人视点透视效果图

图7 西北角人视点透视效果图

功能布局

典型楼层平面图

北京 | 丰台德润里养老院

▶ **首层平面设计分析**

首层主要布置养老机构的公共空间，包括西区和东区的接待大厅、交通核和活动用房，以及餐厅、诊所、商铺等公共服务设施（图8、图9）。

建筑西侧和北侧沿街部分布置超市、商铺、教室、诊所等公共服务设施，同时面向街道和养老机构内部开门，可供入住老人和周边社区居民使用，满足他们的日常生活所需，营造热闹的社区氛围。

建筑内部通过一条明确的室内流线串连西区和东区的各主要功能空间，并在多处与内庭院连通，方便入住老人在室内外活动。

图8 首层公共流线示意图

图9 首层平面图

▶ 二、三层平面设计分析

二、三层的平面布局基本一致。西区和东区的高层部分各设置一个照料单元，转角处布置公共起居厅、护理站和辅助用房，两翼布置老人居室。裙楼部分布置大型的公共活动空间，从东区和西区都可进入。其中，二层为公共餐厅，包括大餐厅、自助餐台和包间；三层为多功能厅，包括大厅、舞台、后台和休息室等（图10）。

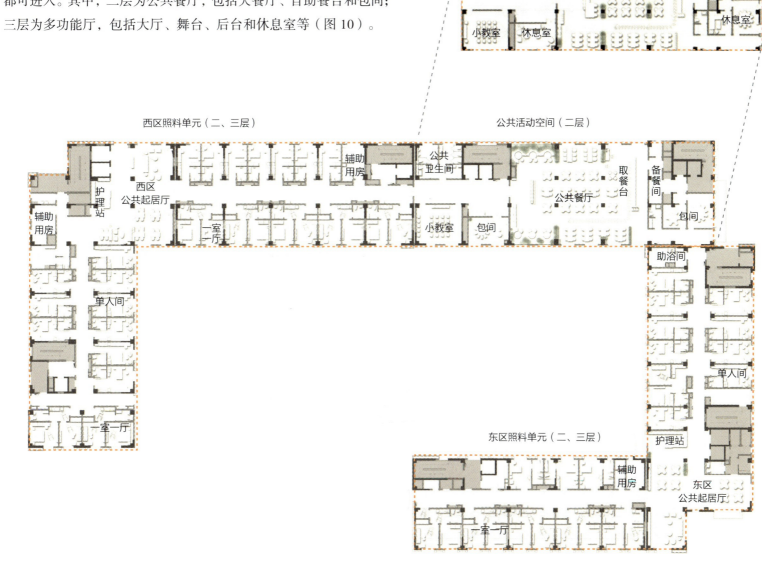

图10 二、三层平面图

典型楼层平面图

▶ 标准层平面设计分析

表1 标准层老人居室类型和数量

图例	居室类型	西区		东区		合计	
		套数	床数	套数	床数	套数	床数
	单开间居室	16	16	12	12	28	28
	套间居室	7	14	6	12	13	26
	合计	23	30	18	24	41	54

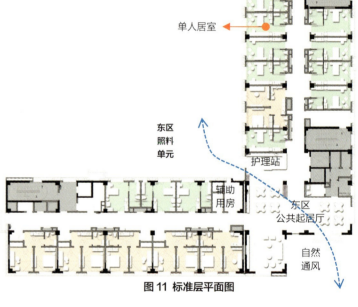

标准层划分为东、西两个照料单元，每个照料单元的规模控制在30人左右。照料单元平面呈L形，在转角处设有公共起居厅、护理站、辅助用房和楼电梯厅，两翼布置老人居室（图11）。

图11 标准层平面图

▶ 老人居室设计分析

老人居室主要包含两种类型，单开间居室和套间居室，两种居室数量配比约为2：1。其中，单开间居室可按照实际需求在单人居室和双人居室之间灵活转换；套间居室为两开间，主要供老年夫妇用作一室一厅或分室居住使用（图12）。

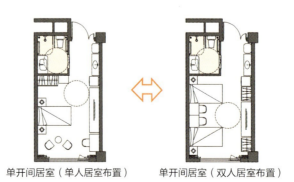

单开间居室（单人居室布置） 　单开间居室（双人居室布置） 　套间居室

图12 典型老人居室平面图

项目特色①
公共空间设计促进老年人社交活动

▶ **合理配置公共服务配套面积**

许多养老设施为了争取更多的床位数，都将绝大部分建筑空间用于配置老人居室，而这仅仅考虑了解决老年人基本的就寝如厕问题，并没有满足老年人其他起居生活和社交的需求，直接影响到老年人在养老设施当中的生活品质。在本项目的设计过程当中，建设单位和运营单位综合考虑客群定位、用地条件、建设运营成本等因素，对公共服务配套面积及老人居室面积进行了合理配置，在保证必要生活配套的基础上，为老年人营造了良好的社会交往空间和氛围。

▶ **首层设置内、外两条街，为老年人创造社交机会**

设施首层利用西侧和北侧沿街部分设置了内、外两条街，作为入住老人日常活动与外界交流的窗口（图13）。

其中，内街串连了东区首层的主要功能空间，采用了仿户外的设计手法，营造街道和广场的空间意象，内街两侧布置有活动室、多功能厅、影音室等公共活动空间和商铺、超市、诊所等生活配套服务设施，通过立面设计、绿植搭配、桌椅外摆等手法营造热闹的街道氛围，使老人漫步其中能够感受到亲切熟悉的街道氛围。

外街联系起养老设施首层的沿街用房与城市街道界面，采用了通透的落地玻璃门窗，面向城市呈现出积极开放的态度。在功能配置上，沿街用房优先布置既能对外营业、又能服务于入住老人的公共配套服务设施，同时面向内外开门，模糊了养老设施与外界的边界感，增强了入住老人社会生活的参与度（图14～图16）。

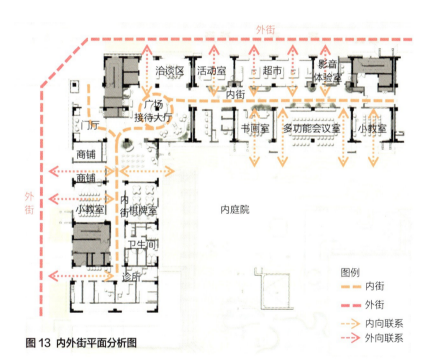

图13 内外街平面分析图

图14 外街氛围效果图

图15 内街氛围效果图

图16 接待大厅氛围效果图

项目特色②

功能分区可灵活应对使用功能变化

▶ **划分东、西两区，实现各自独立运营管理，满足差异化的使用功能需求**

养老设施空间划分为东区和西区，两个区域分别设有各自的接待大厅、餐厅、公共活动空间、照料单元和楼电梯厅，具备实现独立运营管理的条件。在实际运营过程中，东区和西区可作为相同功能使用，也可分别作为护理楼栋（协助生活设施）和自理楼栋（健康长者公寓）进行管理，这样一方面能够满足不同身体条件老年人的差异化需求，另一方面也便于提高设施的运营服务效率（图17）。

西区协助生活设施
2F 及以上　照料单元　　　B1 地下车库
1F 门厅、商业配套、生活　B2 设备机房、库房
　　配套、公共活动空间　　B2 地下车库

东区健康长者公寓
2F 及以上　生活单元　　　B1 地下车库
1F 门厅、公共餐厅、　　　B2 员工宿舍
　　公共活动空间　　　　　B3 地下车库

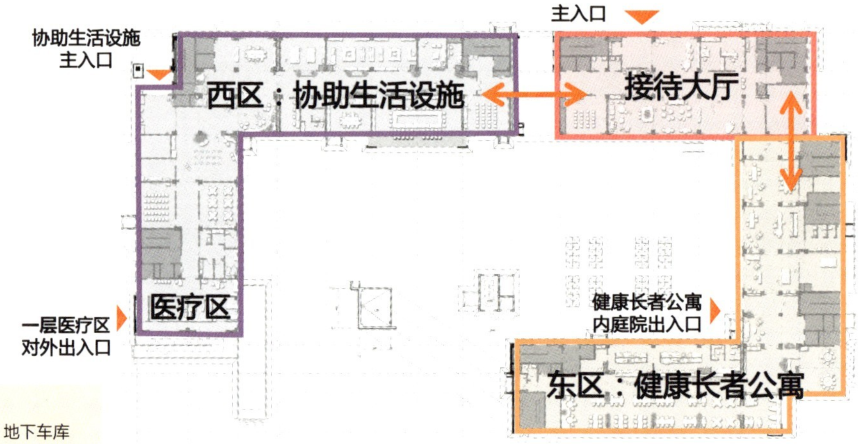

图17 建筑东西分区示意图

▶ **地下空间预留改造条件，便于实现功能转换**

按照所在地的规划要求，本项目需要配套大量地下车位，数量远多于实际需求，投入使用后很可能出现大量闲置的问题，造成地下空间的浪费。

为提高地下空间的利用率，设计时考虑了地下空间功能转换的可能性。在不影响下层车库使用的前提下，划分出地下一层车库中相对集中的空间，利用交通核在沿街和面向内院的位置设置独立出入口和交通流线，满足人员进出需求，在内庭院设置天窗提供自然通风采光条件，提升地下空间品质。需要时可将这一区域外包经营，用作超市、健身房等功能，这样一方面可为将来激活闲置的地下空间，提高空间利用效率留出可能性，另一方面所提供的配套设施也能惠及养老设施的老人和周边社区居民，减少空间浪费。除此之外，外包经营的租金等收益还可用于补贴养老设施的日常运营，分担一部分的运营成本（图18）。

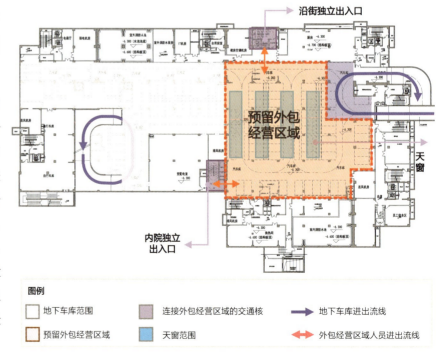

图18 地下一层空间功能转换方式分析图

项目特色③
标准层设计充分考虑运营管理需求

▶ 照料单元可分可合

本项目建筑的东区和西区均采用了 L 形的平面布局，将公共起居厅、护理站和主交通核布置在转角处，两翼分别设置为照护单元（图 19）。

在东区或西区的每个楼层当中，两个照护单元可分可合。实际运营期间，可根据老年人的入住情况选择适宜的管理方式。入住人数较少且老年人较为健康时，可以楼层为单位集中管理，以节约人力。入住人数较多且老年人需要护理时，每个楼层可按照 2 个分区进行管理，每个分区各自独立，但护理站和辅助用房共同节约空间，也便于工作人员之间相互协作。

▶ 精细化设计提升运营品质和效率

在标准层照料单元的设计当中，对运营服务需求进行了精细化的考虑，从而起到了提升运营品质和效率的作用，下面以西区标准层为例进行具体分析。

每组电梯都具有明确的功能用途。其中，位于平面转角处与公共起居厅相连的位置布置的是服务于老年人和家属的客用电梯，含 1 部担架电梯；位于两翼接近尽端位置的是服务电梯兼消防电梯，并实现了洁污分离，一侧主要运送污物，临近设置污物暂存间，另一侧主要运送餐食、洁净物资和服务人员，连接地下厨房（图 20）。

护理站位于平面转角处，距离各个老人居室的平均距离最短，能有效节省护理人员的体力。护理站与公共起居厅相邻设置，具有开阔的视野，能够同时观察到电梯厅、走廊、就餐区和沙发区的情况，便于护理人员及时发现和响应老年人的需求。护理站附近集中配置公共浴室、洗衣房和晾晒区等辅助用房，便于就近开展洗衣、助浴、晾晒等工作（图 21）。

图片来源： 图片均来自设计方。

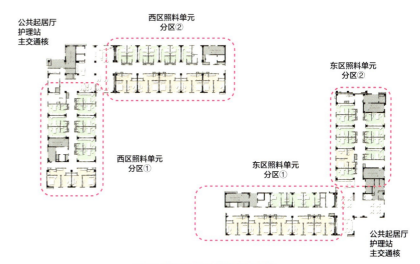

图 19 照料单元分区管理示意图

图 20 西区照料单元电梯功能分布图

图 21 西区照料单元护理站及其周边区域设计分析图

> 北京丰台分钟寺颐养中心是居住社区中的养老服务配套建筑。本项目通过优化空间设计，综合考虑了老年人、员工及后期运营的多种需求，使空间能更好、更长久地支持运营服务。

\# 社区养老服务配套

\# 小规模设施

11 北京丰台分钟寺颐养中心

- 所　在　地：北京市丰台区
- 设 施 类 型：社区养老服务配套
- 总建筑面积：4920m²
- 建 筑 层 数：地上8层，地下1层
- 床 位 总 数：113床
- 居 室 类 型：双人间
- 开 发 单 位：北京珠江投资开发有限公司
- 设 计 团 队：广东珠江建筑设计有限公司
- 设计咨询团队：清华大学建筑学院周燕珉居住建筑设计研究工作室

项目概述

居住社区中的养老服务配套

北京 | 丰台分钟寺颐养中心

▶ **项目概述**

本项目位于北京市丰台区南苑乡分钟寺村的回迁安置房住宅项目中（C地块）（图1、图2），是政府相关部门依据该区域老龄化情况，为C、E地块配置的养老托底项目，主要面向护理老人、认知症老人等。

项目规模及床位数按北京市政府的相关规定执行，总面积4920m²，地上8层、地下1层，共计113张床位。在整体规划中，将其置于C地块的西北角（图3）。

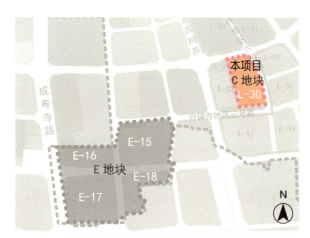

图1 项目属于居住社区中的养老服务配套

图2 项目效果图

图3 项目所在C地块的总平面图

▶ **设计方案**

受周边环境、总面积的限制，项目规模不大，仅有4个面宽开间（图4～图7）。设计的重点和难点在于如何在遵循规划指标、法规标准的前提下，尽可能争取较好的居住条件，满足老年人、员工和后期运营的各项需求。

图4 地下一层平面图

图5 一层平面图

图6 二至七层平面图

图7 八层平面图

设计要点①

综合考虑日照条件，争取南向采光

北京 | 丰台分钟寺颐养中心

▶ **主要采光面从西向调整为更优的南向**

为了同时满足养老建筑冬至日不小于 2h 的日照要求，以及北京市相关法规所规定的，在南侧住宅高度 1.7 倍距离内不得设置建筑主要采光面的要求，在初始方案中，老人居室主要面向西侧设置（图 8）。

这样布置虽然能满足所有的法规要求，但会给入住老年人的实际生活带来不利。就北京地区的气候特点而言，西向存在冬季日头不暖且日照时间短、夏季"西晒"阳光猛烈室内炎热等弊端，不利于老年人的身心健康。如果能将老人居室的主要采光面从西向调整为南向，则会极大改善老年人的生活质量。

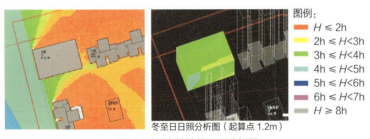

图例：
- $H \leq 2h$
- $2h \leq H < 3h$
- $3h \leq H < 4h$
- $4h \leq H < 5h$
- $5h \leq H < 6h$
- $6h \leq H < 7h$
- $H \geq 8h$

冬至日日照分析图（起算点 1.2m）

图 9 对所在地块的日照分析图

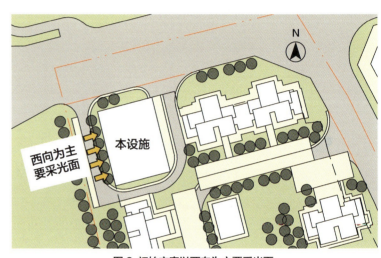

图 8 初始方案以西向为主要采光面

因此，我们在设计优化的过程中，首先就建筑主要采光面的问题与各方展开了重新评定与讨论。经过设计方的日照计算，由于南侧的住宅建筑面对本项目的是较短的山墙面，并不会造成太大的遮挡，老年人居室采光面调整为南向完全能够满足冬至日至少 2h 的日照规定（图 9）。此外，为了解决北京市法规住宅建筑间 1.7 倍距离的问题，我们与相关部分积极沟通，最终确定养老设施南侧的住宅山墙面如无居室窗，可满足卫生视距的要求，从而将本项目的主要采光面由西向调整为南向（图 10）。

日照对于老年人的生活质量影响很大。在本项目调整采光面的过程中我们感到，养老设施不应仅考虑满足相关法规，而不考虑居住条件的实际状况，应综合周边环境，为老人争取最优的采光条件。

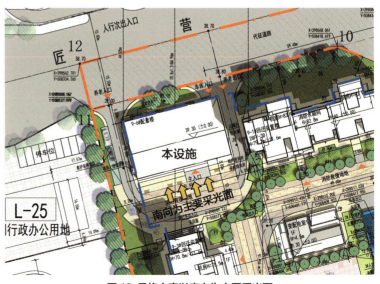

图 10 最终方案以南向为主要采光面

设计要点②
有机组织两类功能，空间节约高效

▶ **平面布局以节约空间、提升运营服务效率为原则**

根据相关要求，本项目需包含两类功能，一是为日间照料而设的短期入住床位，不少于10张，二是为护理老人而设的长期入住床位，不少于100张，两类功能均应包含相应的娱乐、康复用房。

为了满足上述要求，初始方案中的首层设置了多功能室、康复室、网络室等公共空间，而日间照料短期入住的10张床位设置在了二层，并且又配套设置了棋牌室、书画室、阅览室等空间（图11）。如此布置公共空间所占面积较多，在中小规模的养老项目中会挤占本就不富余的老人居住空间，且公共空间布局分散，不利于聚集人气，也不利于工作人员看护老人。此外，日间照料设置在二层，不便于日间照料老人的日常进出，且缺乏较多人活动和就餐所需的大空间。

图11 初始方案一层（左）、二层（右）平面示意图

经过与各方沟通我们了解到，本项目日间照料和长期入住均由同一家单位运营，公共活动空间可以被日间照料老人和入住老人共享。并且，日间照料的短期入住床位也可以与养老设施融合在一起，不必单独划区设置，通过运营管理进行区分即可。

因此，设计优化时我们将公共空间集中在一层，作为日间照料兼多功能厅使用（图12），不同功能之间采用软隔断分隔，使空间通透，功能灵活，利于交流，节假日还可用作大型集体活动的场所。此外，日间照料设置有独立对外的出入口，便于日间照料老人进出，并且可以在必要时单独对外使用。首层还设有医务室、助浴间，满足老人的日常需求。

养老项目的运营负担普遍较大，各类功能空间的布局应以节约空间、节约人力、提升效率为原则，尽可能帮助运营方以较低的成本，灵活、高效地开展各类服务。

图12 最终方案的首层平面图

设计要点③
考虑后期运营需求，进行精细化布置

北京 | 丰台分钟寺颐养中心

标准层的平面布局充分考虑了项目后期运营的各项需求，包括餐食的运送、老人白天的集中活动、护理人员对于老人的及时照顾等。通过平面的精细化布置，使空间能更好、更长久地支持运营服务。

▶ **设置可上人餐梯，运送餐食更加便捷**

在初始方案中，客梯、污梯、餐梯实现了分开设置，但仅设置了不可上人餐梯，限制了送餐餐车、餐后回收餐具所用推车的使用（图13）。随着入住老人增多，这一问题会更加显著。因此，调整后的方案设置了一部可上人的餐梯，方便了餐食的运送。

另外，调整方案中也紧凑缩小了交通核及其前室的空间，适当利用后勤服务空间设置避难间，提高了空间利用率。

▶ **公共起居厅由北调至南，利于老人白天活动**

初始方案中，为了将居室全部布置在南向，公共起居厅设置在了北向。根据实践与运营经验，对于尚能活动的老年人，护理人员希望其白天从居室中出来活动，这样便于集中照护、集中进餐，老人本身也希望白天能在晒得到阳光的地方尽量增加活动，因此公共起居厅实际使用率很高，调整至南向后，利于为老人的日常生活引入阳光，改善老人的身心状态（图14）。

▶ **护理站置于视线通透、便于照护的位置**

公共起居厅位置调整后，护理站的位置也随之调整。护理站置于公共起居厅一角，L形台面一侧面向公共起居厅设置，使护理站工作人员能将老人活动"一览无余"，另一侧视线可贯通整个走廊，便于看到老人，在其有需求或发生危险时及时提供服务。

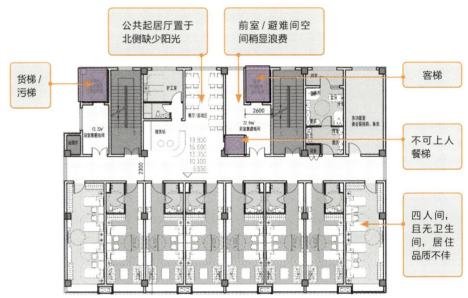

图13 初始方案的标准层平面图

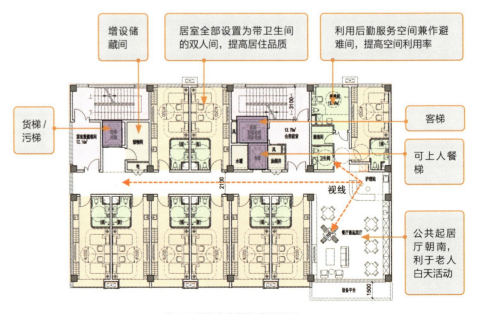

图14 最终方案的标准层平面

设计要点④
同时关注老人与工作人员需求

▶ **利用屋顶补充老人公共空间**

本项目由于总面积、场地有限，室内外公共空间并不充足，因此，利用顶层设置南向屋顶花园，并在其旁设置护理站和卫生间，满足老人晒太阳活动的需求（图15）。

▶ **设置宿舍提升员工生活品质**

在员工生活空间的配置上，初始方案的地下一层仅考虑了员工用餐空间，缺少员工宿舍（图16），不利于员工的长期稳定工作，这一点对于养老项目十分重要。

调整后的方案增设了员工宿舍，并且扩大窗井来改善采光通风条件，提升地下室的使用品质（图17）。

图15 最终方案中顶层设置南向屋顶花园

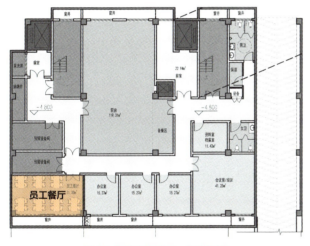

图16 初始方案地下一层平面图

图17 最终方案地下一层平面图

▶ **小结**

本项目是比较典型的居住社区中配套的养老服务项目。一般此类项目仅为完成配套要求所建，常被配置在用地的边角地块，周边环境、采光条件不甚理想，更需要通过精细的设计手法来为老人争取更好的居住条件。另外，受到总面积、场地的限制，此类项目可能标准层面积偏小、交通核占比较大，在运营服务效率上不太有利。如条件允许，此类项目建筑面宽可适当增加，使标准层床位数达到30床以上，会很大程度上提升运营服务效率，减轻运营的经济负担。这需要在前期规划和设计时予以重点考虑。

图片来源：均由设计方提供。

" 大家的家·朝阳城心养老社区通过全面而细致的旧建筑改造设计，兼顾了活力老人与护理老人的不同居住需求，满足了老年人活动、餐饮、交流等各种日常生活需求。

养老社区
旧建筑改造

12
北京大家的家·朝阳城心养老社区

- 所 在 地：北京市朝阳区
- 开 设 时 间：2019年10月
- 设 施 类 型：养老社区
- 总 用 地 面 积：约15500m²
- 总 建 筑 面 积：40670.3m²
- 建 筑 层 数：地上3至7层，地下1层
- 床 位 总 数：健康生活区440张床，护理区115张床
- 居 室 类 型：双人间、一室一厅
- 开 发 单 位：大家养老保险股份有限公司
- 设 计 团 队：英国杰典国际建筑设计有限公司
- 设计咨询团队：清华大学建筑学院周燕珉居住建筑设计研究工作室

项目概述

北京 | 大家的家·朝阳城心养老社区

开放式的持续照料全龄养老社区

▶ 项目整体概述及流线分析

本项目位于北京市四环以内的城市核心地带，毗邻朝阳公园，4公里范围内含有成熟的居住社区和丰富的医疗资源。依托于地段优势，本项目定位为中高端的持续照料型全龄养老社区，满足老年人入住后就近医疗、靠近子女和融入社会的需求。

用地内根据老年人的健康状况分为健康活力区和护理照料区。两部分均为宾馆建筑改造而来，各自拥有独立的出入口（图1）。

健康活力区主入口车行进入后设有回车场，老年人落客后，车可直接驶离社区，也可沿外围绕行至集中停车场。这样使得车行流线不进入社区内部，实现人车分流，保障了在外活动的老年人的安全。

▶ 融入周边的开放式理念

本项目不仅为周边社区提供养老配套服务功能，而且利用其城市核心的地理位置，对外开设了咖啡厅、面包店、餐饮等商业店铺和康复诊所等医疗配套（图2）。开放式的经营理念让养老社区和周边环境充分融合，为入住的老年人提供一个充满烟火气的休闲社交空间和不脱离社会氛围的生活环境。

另外，在建筑立面的改造设计上，本项目去旧立新，强调与周边环境的融合。项目改造所使用的宾馆建筑年代略久，立面较为污损，绿色幕墙在周边环境中比较违和，已无法符合本项目中高端的养老项目定位需求。在改造设计中，设计方打破了原有建筑横向的线条划分，改为竖向线条，并扩大透明玻璃的范围，使建筑外观更显精致挺拔。主入口上部设置带有LOGO和树木图案的外立面肌理，使入口形象更为突出、新颖，贴合都市核心区高品质养老社区的定位，也与周边现代化的城市环境相融合（图3）。

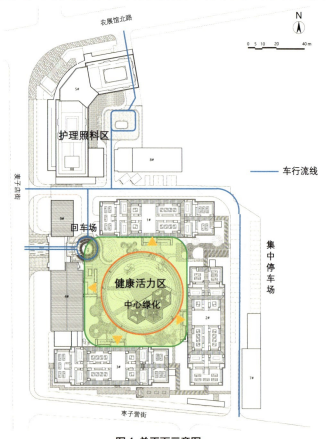

图1 总平面示意图

图2 沿街设置咖啡厅，增强养老社区开放性

图3 建筑立面改造的前后对比

功能布局分析

本项目健康活力区内部保留了原先宾馆 10000m² 左右的中心绿化，给予老年人一个安静、独立的活动庭院（图4）。除老年人居室外的公共服务，均尽量贴地段外侧设置，方便接待、对外经营，并避免内外人流的交叉。

4号楼首层为整个健康活力区的门厅接待中心，设有前台服务区和洽谈区，二层为公共餐厅。健康活力区3号楼首层端部设有相对独立的医疗区，中部设有各类娱乐活动空间，另一端为办公室和清洁布草间（图5）。

为了方便其他楼栋的老年人到达3号楼、4号楼的公共配套空间，各楼之间加设连廊，在一、二层均可连通，保证不良天气时老年人也能安全、方便地到达公共区域。此外，每栋楼连廊出入口附近增设了外挂电梯，更加方便老年人使用连廊行走，也增加了全楼的运送能力。

图4 项目庭院实景照片

图5 首层平面示意图

设计特色①

室内功能优化：门厅接待中心

北京 | 大家的家·朝阳城心养老社区

本项目为旧建筑改造，原有建筑的功能布局很大程度上不能满足养老项目的运营服务需求，因此，本项目在设计与咨询过程中，重点关注对原有建筑如何进行适老化改造的问题。在设计过程中，我们与设计方、运营方共同讨论，方案历经多轮优化，形成了一些旧建筑适老化改造的经验。下文以门厅接待中心、公共餐厅、居室卫生间三个重点空间为例进行分析。

▶ **门厅接待中心最初方案分析**

4号楼临近主入口，因此定位为门厅，需承担接待、洽谈、办公、举行小型活动等功能。最初方案设计已满足相关功能，但在细节上存在尚需提升之处，梳理如下（图6、图7）：

前台、办公：
最初方案中前台正对入口设置，虽然便于直接对外接待，但其后方封闭的办公室会阻碍大厅的开敞性和通透性，且会将大厅划分为不规则的"刀把形"，不利于空间的完整使用。另外前台需要茶水间等辅助功能，目前尚缺失

卫生间：
仅在男女卫生间隔间内设置无障碍厕位，不方便异性护理人员协助老人如厕

休息区：
最初方案中虽设有充足的休息区，但形式单一且与前台之间视线不够通达

目前坐具形式以沙发为主，不够灵活，不能满足老人小组团沟通交流、喝茶、休息等多种需求

洽谈区：
据运营方反映，前期接待老年人时需要一个安静的交流空间，方便老年人和服务人员沟通相对私密的事情，并完成最初的健康评估

此处区域相对独立，不受交通流线干扰，可设为封闭洽谈区

图6 健康活力区原首层平面图

图7 原出入口需适老化改造

原建筑出入口：
方案最初想利用原有建筑的出入口设施，但现场观察测量，发现存在以下问题（图7）：
1. 出入口平台宽度过小，轮椅回转不便；
2. 旋转门斗不符合适老规范要求；
3. 台阶宽大、缺少扶手，坡道过陡无法满足轮椅使用需求；
4. 原雨棚范围较小，难以从老年人下车落客开始提供有效遮挡。
综上判断，出入口需全面进行适老化改造

▶ **门厅接待中心设计优化要点**

前台：
养老社区中的老年人普遍为长期居住者，因此，前台可减少迎宾功能，加强服务功能

调整后的前台位置虽靠后，但注意了视线、动线的通达性，可有效控制整个空间，及时为老年人提供服务（图9）

前台后方设有与办公区共用的茶水间，方便为老年人提供茶饮

办公：
位于前台后方，便于办公人员兼顾内外事务

办公空间扩大后增设会议桌，可满足内部小型会议需求

出入口：
增设门斗，并加大出入口平台进深，满足轮椅回转要求

加大雨棚范围，覆盖整个出入口平台及落客区。调整坡道位置和长度，设置踏步及扶手，并与落客区顺滑连接

增设花池，融合景观和出入口，减少坡道的体量感（图11）

休息活动区：
调整后大厅空间完整、通透，采光通风增强。家具以多样化、小组团的形式布置，有双人座、三人座，还有用于书画的多人桌和休闲沙发区，功能丰富、氛围自由亲切（图10）

卫生间：
增设独立的无障碍卫生间

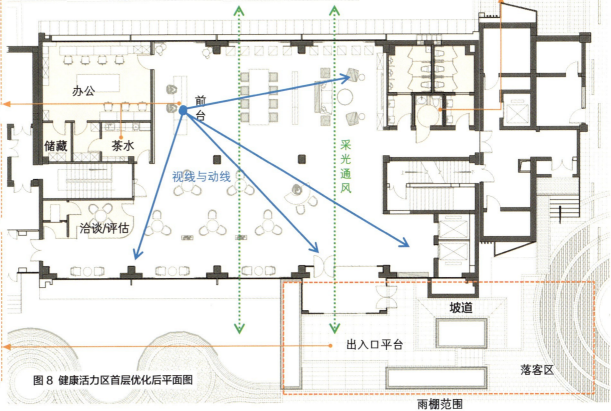

图8 健康活力区首层优化后平面图

图9 优化设计后前台与活动区融为一体

图10 休息活动区功能丰富、氛围亲切

图11 出入口满足无障碍需求

设计特色 ②

室内功能优化：餐厅

▶ 餐厅最初方案分析

4号楼二层为健康活力区餐厅，老年人可以乘坐一层门厅的电梯到达，也可以通过各栋楼二层的连廊到达。这意味着餐厅存在两个方向的主要出入口。最初方案及运营方的需求分析梳理如下（图12、图13）：

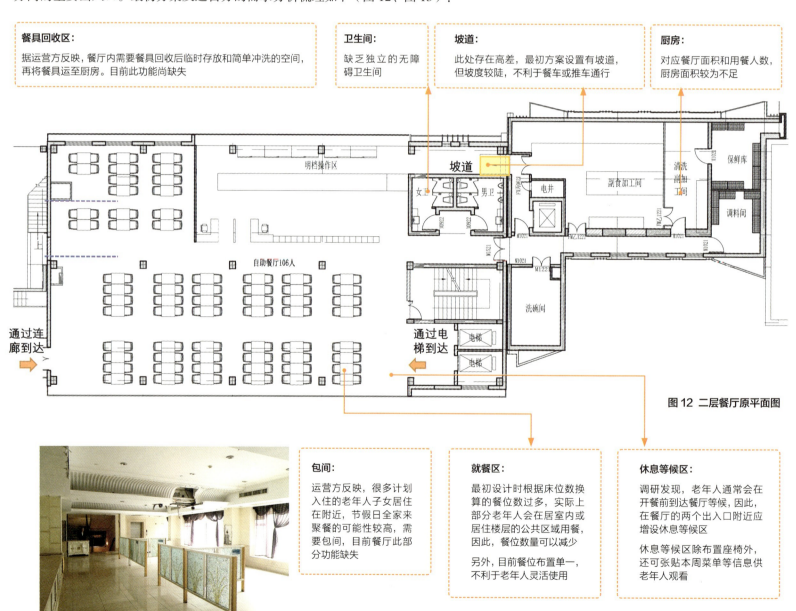

餐具回收区：
据运营方反映，餐厅内需要餐具回收后临时存放和简单冲洗的空间，再将餐具运至厨房。目前此功能尚缺失

卫生间：
缺乏独立的无障碍卫生间

坡道：
此处存在高差，最初方案设置有坡道，但坡度较陡，不利于餐车或推车通行

厨房：
对应餐厅面积和用餐人数，厨房面积较为不足

包间：
运营方反映，很多计划入住的老年人子女居住在附近，节假日全家来聚餐的可能性较高，需要包间，目前餐厅此部分功能缺失

就餐区：
最初设计时根据床位数换算的餐位数过多，实际上部分老年人会在居室内或居住楼层的公共区域用餐，因此，餐位数量可以减少
另外，目前餐位布置单一，不利于老年人灵活使用

休息等候区：
调研发现，老年人通常会在开餐前到达餐厅等候，因此，在餐厅的两个出入口附近应增设休息等候区
休息等候区除布置座椅外，还可张贴本周菜单等信息供老年人观看

图12 二层餐厅原平面图

图13 原二层餐厅实景图

餐厅设计优化要点

包间：
根据养老设施常见聚餐人数，布置8人中包间一个，10人大包间一个，利用轻质隔断划分空间

餐具回收处：
增设餐具回收处，使餐具收集后可进行简单冲洗再推入厨房洗碗间清洗
此空间还可暂存餐具回收车

取餐台：
依序布置取餐具、取餐、结算等功能，使老年人横向排队完成取餐流程，避免拥挤、动线冲撞等问题

清洁间：
增设清洁间，并向两个方向开门，增强后勤动线的便捷性

图14 二层餐厅优化后平面图

图15 改造后二层餐厅实景图

休息等候区：
在两个方向的入口区域均设计了等候区，方便老年人在开餐前后等候休息
空间内还布置了餐品信息和各种活动通知栏

吊顶：
由于空间大，层高不足，设计中尽量将吊顶内的设备集中，将无设备的局部空间挑高，扩大空间感，并且不做繁复的吊顶线脚，避免产生空间压抑感（图15）

厨房：
将原厨房中的库房、粗加工等功能挪至5号楼地下一层的厨房内，并且此处厨房只进行半成品的精加工和烹饪，节省此处厨房面积

另外，从备餐区通往取餐区的坡道加长，方便餐车、推车通行

设计特色③
居住空间温馨亲切

北京 | 大家的家·朝阳城心养老社区

▶ **标准层及居室平面布局**

健康活力区的老年人居室多为宾馆房间改造而来。标准层呈"一"字形，中部区域结合电梯厅布置了公共休闲空间，从而让楼栋中部实现双向采光通风，避免走廊过长带来的单调感，也有利于后期楼栋转化为护理功能时布置服务用房（图16）。

老年人居室以双人间（A户型）为主，并可根据需要改为单人间，另有少量一室一厅（C户型）布置于楼栋端部（图17～图22）。

图16 1号楼三至六层标准层平面图

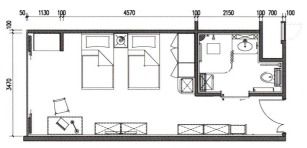

图17 A户型平面图

图19 改为单人间居室的双人间

图20 居室卫生间

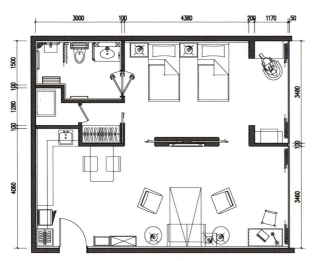

图18 C户型平面图

图21 一室一厅户型公共区域

图22 一室一厅户型卧室区域

老年人居室配色以米色为主基调，点缀较为清新明快的淡蓝、淡绿色，温馨爽快（图21、图22）。家具选择黑胡桃色，和墙面、地面颜色形成反差，方便视力退化的老年人辨识家具的位置，避免日常活动中不小心磕碰到家具。

设计特色④
室内功能优化：居室卫生间

▶ **居室卫生间点位优化要点**

随着年龄增长，老年人的感官及认知能力有所下降，对居住环境中声、光、热的条件有相对特殊的要求。如果居室内的照明、开关等点位设计仍按常规住宅的方法去布置，可能并不妥当。尤其是对于居室内的卫生间，老年人使用频繁，且容易因为光线过暗、地面有水等原因导致老年人发生危险，因此更应注意其水电点位的适老化设计。

本项目中，最初施工图点位参考常规居室卫生间进行设计（图23）。在优化咨询的过程中，我们根据老年人的生活使用习惯，以及护理人员的服务需求，对居室卫生间的点位设计进行了调整及补充（图24）。

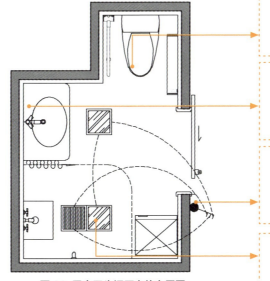

图23 居室卫生间原点位布置图

坐便器上方可添加照明：
有条件时，可以增设如厕区灯具，方便老人及护理人员观察排泄物

洗手池需增设镜前灯：
人在照镜子时，位于卫生间中部的主灯往往是从后方照过来的，面部容易形成阴影。因此需考虑在洗手池镜子上方增设镜前灯

淋浴灯/暖风/排风开关宜布置在卫生间内：
老年人有时在卫生间脱衣后才想起来要开淋浴灯或暖风等设备。这类开关应在淋浴区附近就近设置，而不应设置在卫生间外，给使用带来不便

暖风/排风无须布置在淋浴区内：
老人淋浴时有热水打在身上不会觉得冷，反而是在淋浴区外面换衣服的时候会感觉冷。因此，暖风、排风等设备宜布置在淋浴区外面的换衣区，一般是洗手池前和坐便器的区域

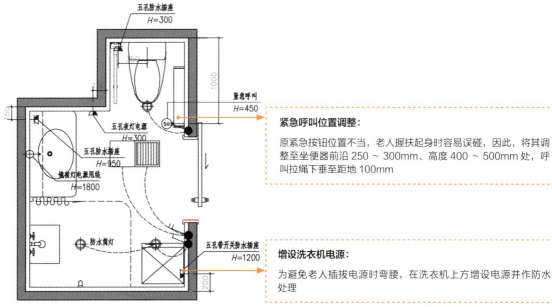

图24 居室卫生间优化点位布置图

紧急呼叫位置调整：
原紧急按钮位置不当，老人握扶起身时容易误碰，因此，将其调整至坐便器前沿250～300mm、高度400～500mm处，呼叫拉绳下垂至距地100mm

增设洗衣机电源：
为避免老人插拔电源时弯腰，在洗衣机上方增设电源并作防水处理

室内功能优化：居室卫生间

▶ **居室卫生间水盆柜优化要点**

我国目前大部分洁具尚缺乏适老化设计细节，往往不能满足养老项目中老年人的使用需求。本项目在样板间设备部品打样过程中，反复对设备设计细节、安装形式等方面进行优化调整（图25～图27），以水盆为例：

明格可集中并扩大：
明格利于查找、拿取物品，适合老年人使用

目前镜柜两侧的明格都比较窄，不利于物品的放置和利用，可将明格集中在一侧以适当扩大收纳量

水盆可整体提前：
让水盆在台面上的开口位置更靠近身体一侧，台面后方空间扩大，便于置物

台面周边宜有翻边：
防止台面上的水外流

洗手池台面厚度可减小：
以保证台面下部留出至少650mm的净高，方便乘坐轮椅的老年人接近使用

柜底可抬高：
可将柜底抬高至距地200～250mm，以便底部放置水盆、小凳等物品

图25 水盆柜部品检查与优化

水盆柜适老化设计示意：

水盆偏于一侧：
利于水盆一侧留出更加充足的台面方便置物，避免镜柜开门磕碰侧墙上的毛巾杆等物，也利于镜箱一侧形成较为宽敞的明格

下部柜灵活设计：
为满足储物需求，下部柜可设计为抽屉。去除底部部分隔板，当老年人使用轮椅时，可撤掉抽屉方便老年人腿部进入

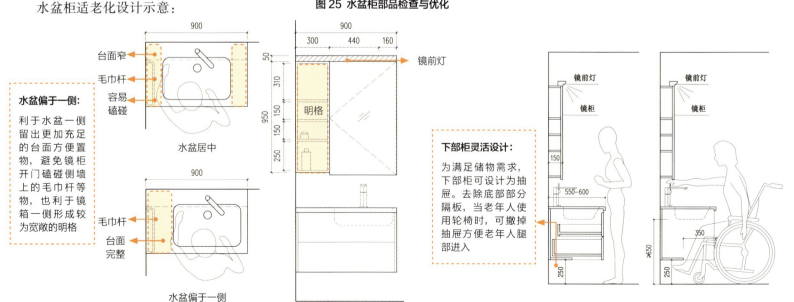

图26 水盆柜适老化设计分析　　　　　图27 下部柜灵活设计，兼顾不同老年人需求

▶ 居室卫生间淋浴间优化要点

采用带有竖向滑杆的淋浴
老年人身高不同，且站姿和坐姿洗浴的方式都有，因此，淋浴采用竖向滑杆，喷头可上下调节，以适应不同的使用需求（图28）

置物架适当降低
置物架上一般放置洗浴用品，为方便按压洗剂瓶，其高度可适当降低，方便坐姿洗浴的老人使用

调整找坡方向和地漏设置
目前在养老设施中，有一些设计将排水箅子设在淋浴外侧干湿区分界处，并朝箅子方向找坡排水，但根据既往调研，证实如此设置会令洗澡水很容易漫过箅子，向外漫延。且长条状的排水箅子拿起不便，不易清洁，容易积存脏污

因此，排水设备采用圆形地漏即可，可设置两处，防止一处堵塞来不及疏通造成漫水。实践证明，只要做好排水坡度，水就不会向外漫延，既容易施工，也方便老年人和轮椅使用者清洁（图29）

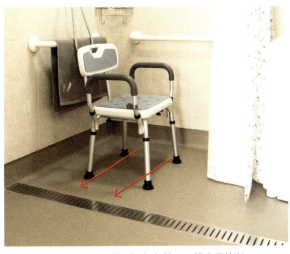

淋浴区尽量向内角找坡，避免水漫出（图30）

第一地漏堵塞时可使用第二地漏排水

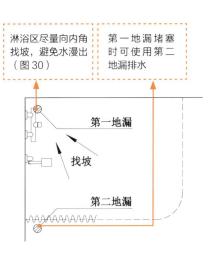

图28 样板间淋浴设备设计分析　　图29 淋浴间外侧设长条箅子，排水易外溢　　图30 淋浴区地漏布置及找坡建议

▶ 小结

大家的家·朝阳城心养老社区在项目设计过程中，围绕城市核心区全龄养老社区的定位，在建筑立面形象和功能布局上，尽量与周边社区相融合。此外，本项目为旧建筑改造，原有宾馆建筑在功能布局、设施设备等方面都存在严重不足，项目的开发设计相较于新建项目面对着更加复杂的状况。今后我国城市中心配置养老设施会以旧建筑改造为主。商业建筑、宾馆、厂房，包括在少子化的趋势下，幼儿园、小学等都可能会改造为养老设施。作为设计师，今后可能面对较多的此类项目，需要通过谨慎思考，对现场条件慎重地判断取舍，尽可能规避各种不利条件，最终满足适老化的使用需求。

图片来源： 图4、图9、图20、图23～图30 由周燕珉工作室提供，其余图片由设计方提供。

> 有颐居中央党校养老照料中心将社区配套的办公用房改造为社区养老服务设施，在为周边居民和老年人提供基本医疗和康复治疗的同时，提供机构养老、日间照料、餐饮和助浴等服务，是一个典型的医养结合设施。

\# 社区养老服务配套

\# 旧建筑改造

\# 医养结合

13

北京有颐居
中央党校养老照料中心

- 所 在 地：北京市海淀区
- 设施类型：社区养老服务配套
- 总建筑面积：1278m²
- 建筑层数：地上3层，地下1层
- 居室套数：13间
- 床位总数：28床
- 运营团队：北京康颐健康管理有限公司
- 设计团队：清华大学建筑学院周燕珉居住建筑设计研究工作室
  法国AIA建筑工程联合设计集团
  中国中轻国际工程有限公司

项目概述

社区配套用房改造

北京 | 有颐居中央党校养老照料中心

▶ **项目整体概述**

有颐居养老照料中心位于北京市海淀区某社区，由社区配套的旧有办公建筑改建而来，于2016年10月建成投入使用（图1、图2）。项目功能立足于社区，采用"医养结合、公办民营"的模式，为周边居民和老年人提供医疗和养老服务。

本项目主体功能分为两个部分：养老照料中心和社区卫生服务站。两者在竖向功能布局上进行了明确的分区：为了方便周边居民和老年人使用医疗康复功能，社区卫生服务站位于首层和地下一层；而楼上二、三层相对安定的区域，设置为养老照料中心，为老年人提供长短期入住、日间照料、餐饮和洗浴等多元化的养老服务（表1）。

图1 建筑正立面

图2 项目坐落于一片居住社区中

表1 各楼层主要功能

功能	楼层	功能
社区卫生服务站	地下一层	输液室、中药房、中药煎药室、检验科、会议室、办公室等
	首层	候诊区、全科诊室、中医诊室、运动康复大厅、理疗室、西药房等
养老照料中心	二层	老人居室、公共起居厅、护理站、助浴间、洗衣房等
	三层	老人居室、公共起居厅、护理站、助浴间、洗衣房等

▶ 改造前情况

我们在改造设计的过程中，首先对旧有建筑进行了实地考察分析。本项目改造所使用的社区办公用房整体质量较好，基本满足相关规范要求（图3～图6）。

① **平面布局**：建筑平面功能较为集中紧凑，楼电梯及卫生间集中位于楼栋东北角。现状问题为建筑内部空间分隔为较多小房间。门厅及走廊空间狭窄，公共空间数量较少且品质不佳。

② **建筑结构**：建筑原为框架结构体系，柱垮多为6.6m，局部为8.4m。除地下一层外墙外，所有墙体均可拆除，给设施内部格局及外立面的改造提供了可能性。

③ **房间尺度**：原建筑小房间面宽为3.3m，进深较符合养老设施中居室的尺度要求。

④ **上下水布置情况**：原建筑地下一层设置了上下水，为改造成诊疗空间留有了条件。

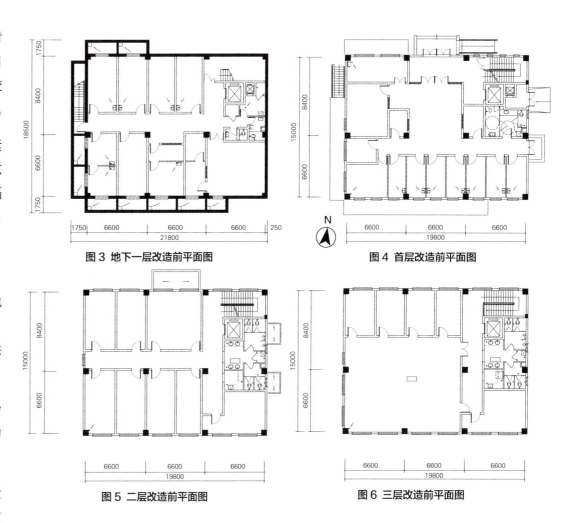

图3 地下一层改造前平面图

图4 首层改造前平面图

图5 二层改造前平面图

图6 三层改造前平面图

▶ 主要改造内容清单

√ 建筑门厅向外拓展，结合外立面重新设计，强化建筑出入口；
√ 拆除原建筑所有隔墙，重新布局，以适应医疗服务和养老服务的需求；
√ 拓宽原有内部走廊，并在走廊中加设连续的扶手，达到规范要求；
√ 加设疏散楼梯，满足老年人建筑消防疏散要求；
√ 室内进行适老化改造，包括消除室内高差，安装扶手，采用适老化照明等；
√ 结合老年人的身体情况购置适老化家具及辅具。

改造设计分析①
地下层设计要点

北京 | 有颐居中央党校养老照料中心

▶ **地下层划分为医疗、办公两个区域**

改造后的建筑地下层由医疗和办公两部分功能组成。医疗部分，主要布置了中药房、治疗室、检验科、观察室等使用频率相对较低、对自然通风采光条件要求不那么苛刻的医疗用房。此外，地下层还设有后勤办公空间，包括会议室、更衣室和各类办公室，供养老照料中心和社区卫生服务站的员工共同使用（图7～图11）。

煎药室配置窗井
以便煎药时通风换气（图8）

女更衣室面积大于男更衣室，并配置淋浴
考虑男女员工人数差异，特将女员工更衣面积增大
配置淋浴让员工在下班后洗澡更衣、转换身心状态，可有效改善员工工作条件

会议室可灵活使用
采用半开敞的空间形式，能够灵活满足员工开会、用餐、临时办公、健康教育等活动，为后勤办公区预留弹性空间（图9）

医疗、办公之间利用轻隔断，使空间可分可合

观察室兼点滴室
初期方案设计时考虑输液所用的座椅较多，但后期运营时对输液治疗行为进行了控制，输液人数减少。观察室空间开敞、功能灵活，今后可根据运营需要再对功能进行调整

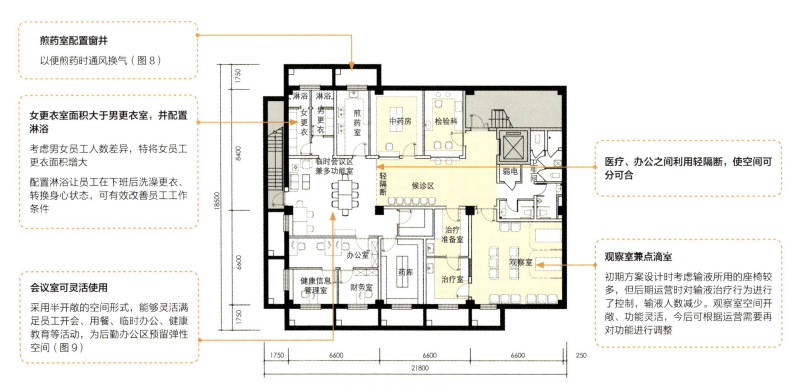

图7 改造后地下层平面图

图8 煎药室

图9 员工临时会议室

图10 走廊中部空间

图11 中药房与检验科设服务窗口

改造设计分析②
首层设计要点

▶ **首层设置医疗康复空间,环境温馨亲切**

首层分为诊疗区和康复区。诊疗区布置综合服务处、全科诊室、中医诊室、西药房等,康复区配置了运动康复大厅和理疗室,患者和老人可集中在一层解决主要的就医与康复需求,尽可能减少往返于首层与地下层之间的频率(图12)。

候诊区营造家庭化氛围
布置具有家庭感的小组沙发和座椅,营造温馨亲切的氛围,降低医院感、机构感(图13)

康复区包括运动康复大厅和理疗室
运动康复大厅采光充足,有单独出入口(图14)
理疗室独立分隔,保证私密性(图15)

服务台居中照护
运动康复大厅的服务台居中设置,并能控制住出入口

用水空间上下对位,体现少改动原则
卫生间、清洁间、助浴间集中布置,保留原管井及上下水位置

综合服务处集中挂号、咨询、付费等服务
功能集约,窗口采用高低台设计,低台前配有沙发,便于老年人与工作人员亲切交流(图16)

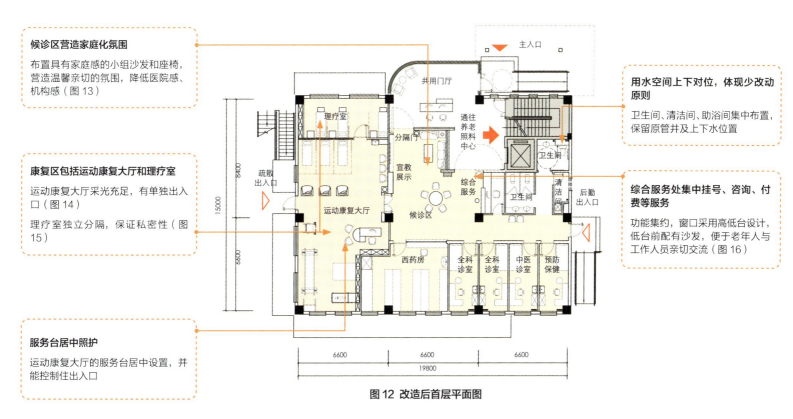

图12 改造后首层平面图

图13 候诊区布置舒适的沙发

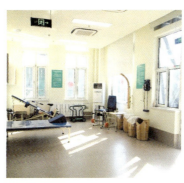

图14 运动康复大厅采光充足

图15 理疗室具有私密性

图16 服务台低台前设置沙发

改造设计分析③
出入口设计要点

北京 | 有颐居中央党校养老照料中心

▶ **出入口区分流线,并满足无障碍功能**

首层门厅由社区卫生服务站与养老照料中心共用,为避免流线交叉,设计中注重区分外来就医流线和内部老年人流线(图17)。

出入口注重无障碍设计,保证老年人安全便利地出入。

区分外来就医流线和内部老年人流线:

外来就医人员可通过门厅直接进入医疗区,不与老年人流线发生冲突

老年人从外回来后,可在门厅直接乘坐电梯上楼,不必经过医疗区;老年人若想就医,乘坐电梯到达一楼后,也可就近进入医疗区

分隔门的设计使得社区卫生服务站和养老照料中心均可独立运营,白天二者流线不交叉,晚上社区卫生服务站关门时也不影响养老照料中心的正常出入(图18、图19)

加大出入口雨棚覆盖范围

在改造中雨棚出挑范围不仅覆盖了台阶和坡道,而且覆盖了落客区,保证了老年人出入(尤其是雨雪天气时)的安全和便利

扩大出入口平台:

使其满足人们停留和交叉通行的要求,并且考虑了门开启后平台仍能满足轮椅转圈的要求

加强出入口照明:

出入口设置亮度高的照明灯具,让老年人能够清楚地分辨出台阶及坡道的轮廓

入口处还设置了局部照明,便于老年人看清门禁的操作按钮。入口处的照明选用LED灯具和声控开关

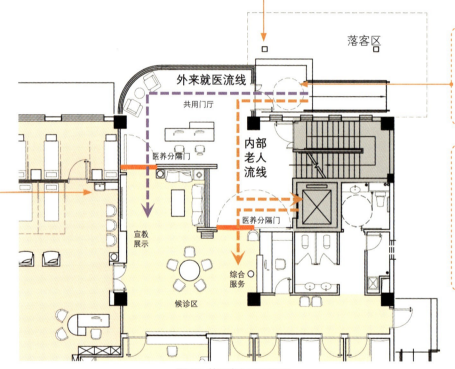

图17 首层出入口平面图

图18 电梯与医疗区隔断门

图19 共用门厅的接待台

改造设计分析④
二层设计要点

▶ **养护组团规模亲切，后勤功能完备**

设施二、三层为养老照料中心，二层还担负一定的日间照料功能，安排了午间休息的沙发和躺椅，服务周边社区的老年人（图20、图23）。在改造方案中，利用现有条件沿走廊两侧布置双人居室（图21），每层共计14张床位，组团规模较小，利于老年人间的相互熟悉，也利于护理人员照看老年人。

东侧利用原来的用水点集中布置助浴间、卫生间、护理站及备餐台等后勤服务空间，并在东南角布置开敞、采光充足的公共起居厅，供老年人进行活动和用餐。

> **增设疏散楼梯**
> 为满足老年人建筑每层有两个疏散口的要求，在二、三层端部增设了外挂的疏散楼梯
> 并且在疏散楼梯旁增设洗衣房，完善后勤服务功能

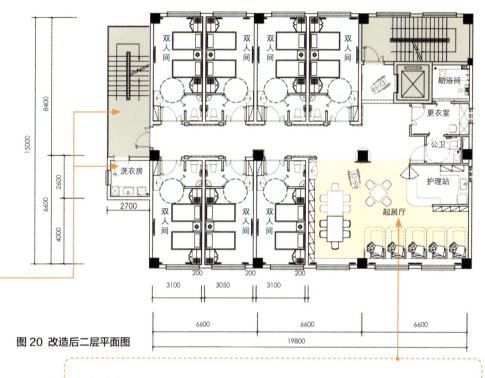

图20 改造后二层平面图

> **起居厅功能灵活**
> 空间相对开敞，家具选用可灵活组合的形式，并且适当分区，以适合就餐、活动、日间照料、午间休息等多种功能（图22、图23）

图21 双人间老年人居室

图22 公共起居及就餐活动区

图23 公共起居厅中供老年人日间休息的沙发区

改造设计分析⑤

三层设计要点

北京 | 有颐居中央党校养老照料中心

▶ 护理站兼具多种功能

护理站功能设置分析如下：

√ **办公功能：** 护理站内外划分为两个功能区，外侧主要用于办公，内侧主要用于备餐操作。办公功能主要供护理人员进行监控、记录、复印、打印等工作，护理站内部空间还可用于进行交接班、小型会议等（图25a）。

√ **备餐功能：** 由总厨房总参至养老中心，餐车可停靠在护理站进行分餐、备餐操作。护理站的台面可临时充当备餐台面使用（图25b）。

√ **备餐台操作功能：** 护理站内侧台面布置类似家庭厨房，包括微波炉、电磁炉、咖啡机、洗手池等简易厨房设备，可以为老年人热奶、热饭、提供饮品，并清洁餐具等（图26）。

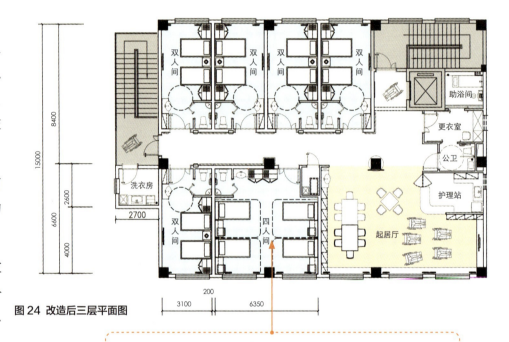

图24 改造后三层平面图

设置四人间
在改造设计过程中，根据运营需求，三层特意做了局部调整，增设一间四人间，以满足有较高程度护理需求的老年人使用

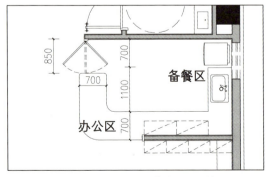

a 护理站划分为办公和备餐两个区域

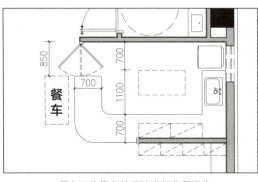

b 餐车可停靠在护理站进行分餐操作

图25 护理站设计分析

图26 护理站内侧的备餐区

改造设计分析⑥
卫浴空间设计要点

▶ **助浴间**

▶ **居室卫生间**

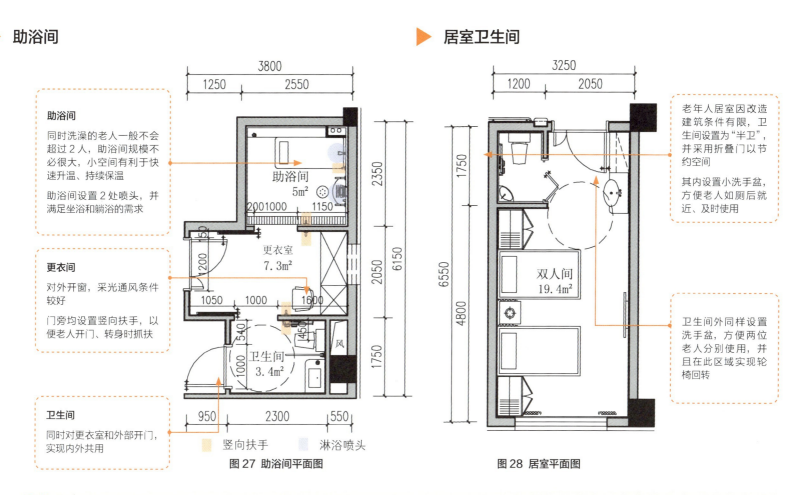

助浴间
同时洗澡的老人一般不会超过2人,助浴间规模不必很大,小空间有利于快速升温、持续保温

助浴间设置2处喷头,并满足坐浴和躺浴的需求

更衣间
对外开窗,采光通风条件较好

门旁均设置竖向扶手,以便老人开门、转身时抓扶

卫生间
同时对更衣室和外部开门,实现内外共用

竖向扶手　淋浴喷头

图27 助浴间平面图

老年人居室因改造建筑条件有限,卫生间设置为"半卫",并采用折叠门以节约空间

其内设置小洗手盆,方便老人如厕后就近、及时使用

卫生间外同样设置洗手盆,方便两位老人分别使用,并且在此区域实现轮椅回转

图28 居室平面图

▶ **小结**

　　本项目借助老旧小区改造的契机,利用原有建筑框架结构的优势,将社区配套办公建筑改造成了养老照料中心和社区卫生服务站。本项目规模不大,但功能相对完备、空间利用比较充分,并在设计中注重流线和分区设计,保证了医、养互不干扰,可独立运营。项目建成后,为入住老人和社区居民提供了就近看病、康复训练和社区养老等服务,是一个相对典型的社区改造、医养结合的小规模项目案例。

图片来源:均来自周燕珉工作室。

> 成都太保家园养老社区设置自理公寓和护理公寓，满足多样化人群的入住需求，并且预先考虑了自理公寓增加护理服务功能的问题。

\# 养老社区

\# 商业与营销中心设计

\# 适老化居室设计

14

四川成都太保家园养老社区一期

- 所 在 地：四川省成都市
- 开 设 时 间：2023 年
- 设 施 类 型：养老社区
- 总 用 地 面 积：34072m²
- 总 建 筑 面 积：109830m²
- 建 筑 层 数：自理公寓 14 层，护理公寓 12 层，公共配套 3 层
- 居 室 套 数：自理 644 套、1288 床，护理 178 间、288 床
- 居 室 类 型：自理公寓一室一厅、单间户型，护理公寓双人间、单人间
- 开 发 单 位：太平洋保险养老产业投资管理有限责任公司
- 建筑设计团队：北京道林建筑规划设计咨询有限公司
- 设计咨询团队：清华大学建筑学院周燕珉居住建筑设计研究工作室

项目概述

四川成都｜太保家园养老社区一期

自理、护理围绕公共配套布置

▶ **项目整体概述**

本项目位于成都西侧，距离市中心天府广场31km，从城市核心区至此大约为自驾1小时、地铁换乘公交2小时（图1）。从地理位置上来看，属于比较典型的城市近郊型养老社区。

从功能设置上，本项目分为三大板块——自理公寓、护理公寓和公共配套（即会所）。在总平面布局上，3栋自理公寓和1栋护理公寓围绕中间的公共配套分别布置，既便于各栋楼的老年人到达中心的公共配套空间，又使得各栋楼能够保持相对独立（图2、图3）。

公共配套为地下1层、地上3层的裙楼，面积约15000m^2，配有游泳池、公共餐厅、营销体验中心及各类活动空间，是提供配套服务和作为前期营销宣传的场所。

另外，护理公寓一、二层设有社区医护中心，面积约3800m^2，一层为各类诊疗室，二层为康复用房和住院房，可直接服务于其楼上的护理公寓。

图1 项目区位图

图2 养老社区总平面示意图

图3 养老社区鸟瞰图

设计特色①
底层设置对外配套商业

▶ **利用配套商业提升养老社区活力**

本项目在沿街两栋楼的首层设置有配套商业，希望通过营造商业氛围提升社区活力。但商业是否能够运营成功涉及多方面的因素，需充分考虑各项可行性及与养老社区的关系。其设计原则可概括为以下几点：

1. 利用商业空间给设施"减负"或"扩容"。 一方面利用商业空间补充社区功能，并创造老年人与社区居民的交流机会；另一方面增加商业经营内容，发挥沿街用房的价值，提升养老社区的盈利能力（图4）。

2. 商业空间与内部空间"分得开"。 每个店铺均能做到与养老社区分开经营，减少对入住老年人正常生活的干扰。

3. 充分利用场地资源和人流量。 主入口附近、沿街区域、转角区域、广场等节点，均为人群主要集散地，商业价值较高。此类区域设置能够对外运营的空间，如餐厅、咖啡店、外卖窗口、健身房等，可充分发挥商业空间的价值。

另外，在项目设计咨询过程中，我们对商业部分重点提出过以下一些优化建议：

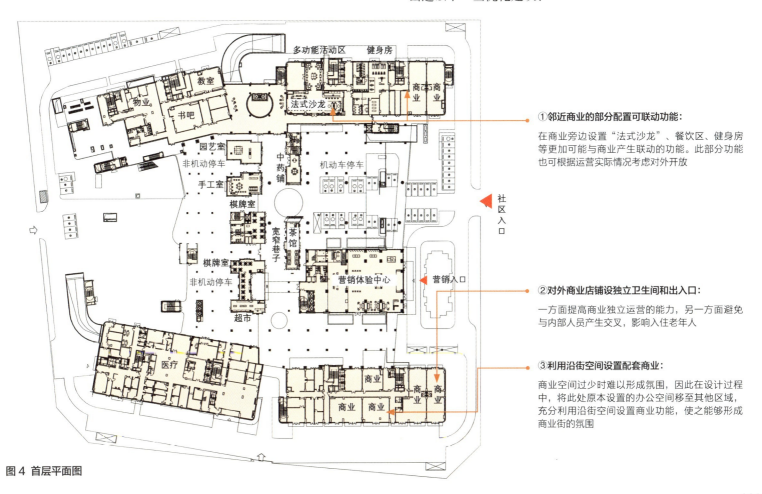

① 邻近商业的部分配置可联动功能：
在商业旁边设置"法式沙龙"、餐饮区、健身房等更加可能与商业产生联动的功能。此部分功能也可根据运营实际情况考虑对外开放

② 对外商业店铺设独立卫生间和出入口：
一方面提高商业独立运营的能力，另一方面避免与内部人员产生交叉，影响入住老年人

③ 利用沿街空间设置配套商业：
商业空间过少时难以形成氛围，因此在设计过程中，将此处原本设置的办公空间移至其他区域，充分利用沿街空间设置商业功能，使之能够形成商业街的氛围

图4 首层平面图

设计特色② 前期开放营销体验中心

四川成都 | 太保家园养老社区一期

▶ **营销体验中心的布位选择**

营销体验中心往往是各地太保家园养老社区最先对外开放的功能，起着前期营销推广的作用。本项目营销体验中心面积约1100m²，于2021年先期开放。

2021年8月，我方团队对本项目的营销体验中心进行了全面调研和使用后评估，并分析出营销体验中心设计的主要经验。

营销体验中心布位选择要点如下（图5）：

营销体验中心在前期完成使命后，需重点考虑怎样转变、适应后期运营的功能。一般而言，营销体验中心改变功能后可能转变为门厅、多功能厅或商业配套功能，需预先考虑其空间布局及多向出入口等。

本项目营销体验中心配置于社区入口附近，联系各栋楼近便，且保持有一定的独立性，方便转变为其他功能。

① **与社区入口可分可合**
营销体验中心位于社区入口附近，并且作为独立功能空间，有专属的独立出入口，销售时期可区分访客流线和入住老人流线，避免相互打扰，销售期结束后也便于用作他用（如公共门厅或入口附近的公区），或独立对外运营商业功能

② **临近社区其他公共配套**
营销体验中心临近社区公共配套设置，方便参观人员就近参观样板区和公共活动区，并可到公共餐厅体验老年餐

③ **临近外围道路**
方便外来访客到达，形成便捷的进出动线，也可通过营销体验中心树立项目的良好形象

④ **临近对外商业**
便于形成商业氛围，也利于后期营销体验中心改为商用

图5 营销体验中心位置分析

营销体验中心的设计分析

在对营销体验中心进行调研时,我们从现场营销人员的反映中了解到,平时来访人员主要是老年人的子女,以40多岁为主,团体来访人员每车约30多人。

来访后的流程大致为:休息整顿,上厕所休息→入口前集合开始讲解→依序讲解企业、项目情况及观影(大厅内逆时针顺序)→最后在休息区落座洽谈(图6)。

右侧为本次调研对于营销体验中心各空间设计的分析(图7):

图6 营销体验中心大厅

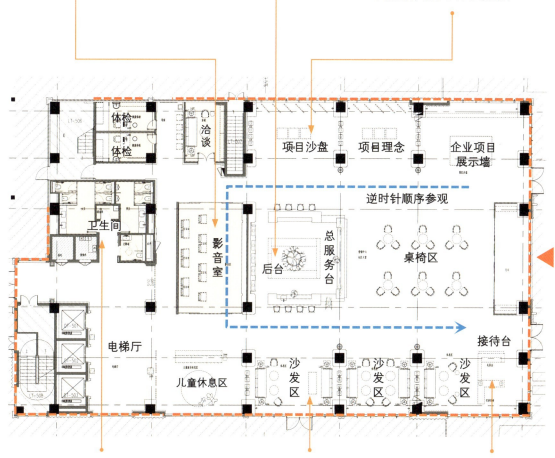

影音室扁平布局利于观影:
影音室设计为封闭空间,墙面做了吸音处理,以减少对其他空间的干扰

服务台设置"后背"空间:
服务台兼具茶水服务、员工衣物收纳、电气设备管理等功能,设有后台准备空间

沙盘区空间开敞,便于围观:
沙盘区前方及侧边考虑了30人左右的围观空间
并且,沙盘旁边提供了能够灵活移动的轻便座椅,便于老年人坐姿听讲

来访人员能方便使用卫生间:
来访人员到达和离开时可能需要使用卫生间。卫生间既要隐蔽,又要方便找到

休息区细化分组:
休息区分为两种——桌椅区和沙发区,便于营销人员与客户简单或深入对话

入口设置接待台:
方便营销人员控制出入口,及时为客户提供服务,并且就近存放客户的行李

图7 营销体验中心首层平面图

设计特色③
自理公寓预先考虑转变护理的可行性

四川成都 | 太保家园养老社区一期

▶ **自理公寓按照护理标准进行配置**

本项目自理公寓按照老年人照料设施标准进行配置。标准层中，配置避难间、缓步楼梯、宽走廊、消防电梯及前室等，以及公共起居厅和其他辅助服务空间（图8、图9），不仅便于提供服务管理，而且便于将来转化为护理照料单元。

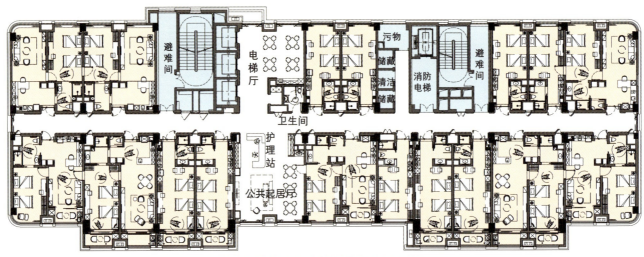

图8 自理公寓加入公共起居厅和护理站的配置

讨论：如何考虑自理公寓转换为护理功能

目前，国内养老社区项目普遍未深入考虑自理型养老公寓后期可能需要增加护理功能的问题。

据调查，现在养老社区老年人入住时的年龄多为70岁左右，身体较为健康，尚能自理，但5~10年后身体机能可能逐渐衰退，需预先在规划设计、楼栋设计、户型设计等方面考虑提供护理服务的条件和可能性。

其中，应当重点考虑的是加入护理服务时所需要的单元公共起居厅、护理站等空间，因此需预先考虑其结构、管线的可调性，必要时稍加改造，就可转换为护理服务功能。

图9 自理公寓标准层公共起居厅

设计分析①
灵活、适老的一室一厅户型

▶ **一室一厅户型设计分析**

太保家园养老项目的自理型居室以单间居室、一室一厅、两室一厅为主。其中，一室一厅与单间居室共同作为项目的主力户型，两者相加超过90%；两室一厅及其他大户型仅作为转角处的特殊户型少量配置，配置比例一般在3%~10%。

自理公寓各户型配置比例		
单间居室	数量	346
	比例	53.73%
一室一厅	数量	275
	比例	42.70%
两室一厅	数量	23
	比例	3.57%

太保各地养老项目已形成相对统一的标准化设计。一室一厅户型套内建筑面积适宜范围通常为65.0~80.0m²（阳台计算全面积）。我们经研究推敲感到，当套内面积低于60.0m²时，套内空间较为紧凑，可能会出现客厅短进深的情况；当套内面积高于80.0m²时，可能会出现进深或面宽过大的情况，空间稍显浪费。

从经验看，总进深一般控制在9200~10000mm（含阳台）为宜。当进深过低时，房间内储藏量可能受到影响，并可能出现床距卫生间门太近等不利情况；进深过大则会使套内中后部采光较差，影响空间舒适性和利用效率（图10）。

卫生间双向使用，可形成回游动线：
可从餐厨空间和卧室空间双向到达卫生间，提高卫生间使用的便捷性

卧室空间便于床的灵活布局：
卧室进深满足设置两张单人床，并在其间保持一定距离，便于老年人上下床。卧室面宽也便于在床尾一侧设置衣柜，保证充足的储藏量

阳台受老人欢迎：
阳台配置洗衣和休闲空间。阳台进深至少为1500mm

套内面积	71.4m²
总面宽	7600mm
总进深	9200mm
卫生间面积	6.9m²
卫生间面宽	4200mm
卫生间进深	3100mm

图10 自理公寓一室一厅户型平面图

从市场经验与未来发展趋势上看，一室一厅户型灵活性强，面积适中，能够满足老年人对高品质生活的需求，比例会继续保持。另外，随着生活水平的提高，老人呈现出从"分床睡"到"分房睡"的趋势，两室一厅户型的比例未来也会在一定程度上增加。

设计分析②
标准化的单间户型

四川成都 | 太保家园养老社区一期

▶ **单间户型设计分析**

太保家园养老项目护理型居室户型以单人间、双人间为主（图11），由于其都只占有一个面宽，且房型趋同，因此常统称为单间户型。

通过对太保各地养老项目的统计及综合分析，单间户型套内建筑面积适宜范围为 32.0~36.0m^2，低于 30.0m^2 时套内空间较为紧凑，高于 38.0m^2 时套内空间通常有较大的进深，可配置沙发、餐桌等家具。单间户型常见进深范围为 8500~9000mm（图12）。

图11 护理公寓标准层平面图

充分考虑家具配置的公平性：
床、床头柜、书桌、衣柜等家具公平配置，避免两个非亲属关系的老年人入住时产生矛盾

居室入口设置1300mm宽子母门

尽量减少固定家具：
以灵活应对老人的不同需求，并且可以允许老年人自带部分家具入住

考虑洗衣机布置：
在不配置阳台的情况下，卫生间内可设有洗衣机的位置

双人间可灵活用作单人间：
当一位老年人包住双人间时家具可进行调整，去掉一张床，增设沙发和茶几

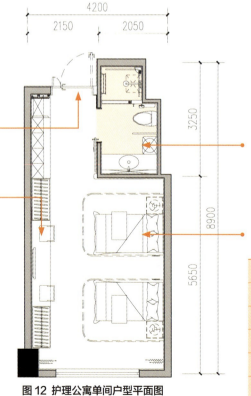

图12 护理公寓单间户型平面图

护理公寓各户型配置比例		
单人间	数量	68
	比例	38.20%
双人间	数量	97
	比例	55.50%
一室一厅/套间	数量	13
	比例	7.30%

套内建筑面积	36.0m^2
总面宽	4200mm
总进深	8900mm
卫生间面积	4.80m^2
卫生间面宽	1800mm
卫生间进深	3250mm

▶ 居室卫生间设计优化分析

本项目十分重视室内空间的适老化设计。在项目设计咨询时，护理公寓居室的卫生间优化过程如下（图13）：

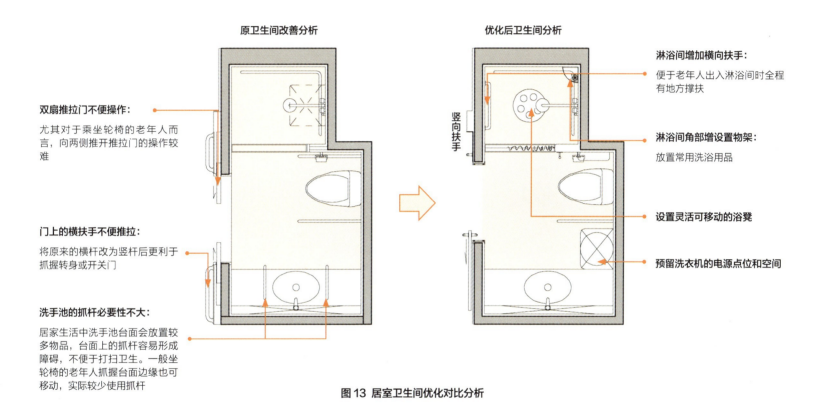

图13 居室卫生间优化对比分析

▶ 小结

综合型养老社区体量大，运营成本较高，且一般位于城市近郊或远郊，从就医家属探望方面并不具有优势，且客户流失率高，需充分考虑如何提高运营的持续能力和盈利能力。本项目通过灵活化地配置对外商业、利用营销体验中心进行宣传、预先考虑自理公寓增加护理服务功能时的转换方法等，对城市近郊型的养老社区设计与运营进行了积极探索，具有一定参考价值。

图片来源： 图1、图6、图9为周燕珉工作室绘制拍摄，其余均由设计方提供。

> 芳华里养老社区为活力老人提供两居室、一居室的养老住宅，并配套医疗、护理、餐饮等服务。项目中拥有丰富而开阔的适老化景观活动场地，可充分满足老年人户外活动的需求。

\# 养老社区

\# 适老化景观设计

15

广西南宁芳华里养老社区

- 所 在 地：广西壮族自治区南宁市
- 开 设 时 间：2021年
- 设 施 类 型：养老社区
- 总用地面积：15616m²
- 总建筑面积：77596m²
- 建 筑 层 数：地上33层，地下1层
- 居 室 套 数：582间
- 居 室 类 型：两室一厅、一室一厅
- 开 发 单 位：广西嘉和置业集团有限公司
- 建筑设计团队：清华大学建筑学院周燕珉居住建筑设计研究工作室
  深圳市博万建筑设计事务所
- 景观设计团队：北京意柏园林设计有限公司
- 设计咨询团队：清华大学建筑学院周燕珉居住建筑设计研究工作室

项目概述

广西南宁 | 芳华里养老社区

成熟社区中的养老服务板块

▶ 嘉和城项目整体概述

本项目位于广西壮族自治区南宁市近郊的大规模成熟社区嘉和城当中（图1）。

嘉和城历经20余年开发建设，是集住宅、别墅、高尔夫、温泉、学校等于一体的综合型地产项目，不仅建有多样化的居住单元，而且拥有1000多亩的天然湖泊水系，居住环境宜人（图2）。

图1 项目区位图

图2 嘉和城整体总平面示意图

▶ 本项目养老社区的功能定位

本篇所述项目是嘉和城中的综合型养老社区芳华里，承担着为整个社区提供养老配套服务的功能。嘉和城大社区可以为养老社区提供稳定的客源，而养老社区使嘉和城整体功能更加完善，更加利于居住者长期生活。

嘉和城带有较强的休闲度假属性，且位于城市近郊，居住者中的老年人多是在退休年龄的活力老年人（根据嘉和城在本项目立项之初2017年时所做调查，全社区55岁以上的居住者中，55~70岁人群占比68%，且健康自评很好或较好的人群占比61%）。因此，本项目养老社区的服务客群主要定位于60~70岁的健康老年夫妇或独身老人。

项目中为这些健康老人建有3栋高层养老住宅，户型以两室一厅、一室一厅为主。同时，考虑到老年人入住10年后可能身体状况发生变化，逐渐需要医疗护理服务的支持，本项目还建有1栋6层的社区卫生服务中心，其中含有护理、康复等服务功能（图3）。

图3 养老社区鸟瞰图

功能布局
结合当地特色的丰富养老配套

▶ **内外结合的景观活动场地**

当地绿植资源丰厚，便于配置景观场地。本项目不仅在养老社区内部，即3栋养老住宅围合的区域设有景观活动场地，而且在其北侧的公共绿地中设计了开阔的公园空间，由此形成了内外结合的、丰富的室外景观体系，成为本项目的一大特色，后文将详述其设计要点（图4～图6）。

图4 养老社区旁附设开阔的公园、水系

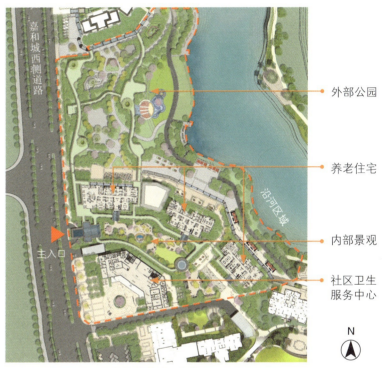

图5 景观总平面图

▶ **沿河而设的配套功能空间**

在活力养老社区中，如何吸引健康老年人入住是项目开发与设计过程中的核心课题。本项目依托地势（地块存在高差，首层地坪为内部景观场地，负一层地坪与沿河区域齐平），负一层的沿河区域设置礼堂、餐饮、活动、物业、商铺等配套空间。这些配套空间能较好地解决健康老年人的日常需求。以餐饮为例，根据嘉和城当时所做的调查，20%的老年人希望有社区餐厅可以就餐，本项目所设的餐饮配套可满足老年人的就餐需求。

这些配套空间的位置不仅利于养老社区内部人流到达，而且可面向北侧公园和沿河区域吸引人流，形成热闹的活动及商业氛围，促进老年人与周边居民的交往。

图6 地下层平面功能分区示意图

住宅设计特色

适老化的一居室、两居室设计

广西南宁 | 芳华里养老社区

▶ 养老住宅套型的设置原则

根据前期调研及沟通，本项目将养老住宅的主要目标客群瞄准以下两类：

一、"候鸟"老年夫妇

客群描述：夫妇两人比较健康、具有一定经济实力，退休后为躲避北方的寒冷气候来南方过冬，以东北人居多，看中嘉和城当地的气候和温泉条件，多购置中小套型，长期或短期居住。据了解，目前这类客群在嘉和城已经具有一定数量。

二、"一碗汤"老少户

客群描述：在本项目周边购置大套型的客户，可在本地块购置一套中小套型，让家中老年人居住。老年人可能是单身也可能是夫妇。家中也可能请保姆进行照看。

两类客群对于套型的需求如下：

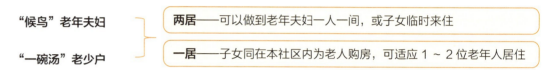

"候鸟"老年夫妇 — 两居——可以做到老年夫妇一人一间，或子女临时来住

"一碗汤"老少户 — 一居——子女同在本社区内为老人购房，可适应1~2位老年人居住

综上分析，并且结合当地老年人对于套型大小的使用需求和经济条件，本项目养老住宅主力套型为70~140m² 具有较强灵活适应性的两室户和一室户（图7）。

另外，为符合当地气候条件，本项目养老住宅注重采光通风设计。具体分析如下：

户型编号	户型结构	户型建筑面积
A	两室户	135.4m²
B	两室户	101.2m²
C	一室户	73.7m²

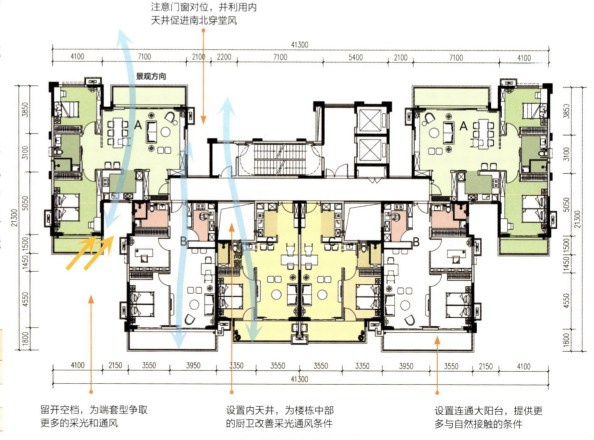

图7 养老住宅标准层平面图

▶ 养老住宅的适老化设计要点

本项目养老住宅注重套内的适老化设计，以典型的两室户和一室户套型为例进行说明（图8、图9）：

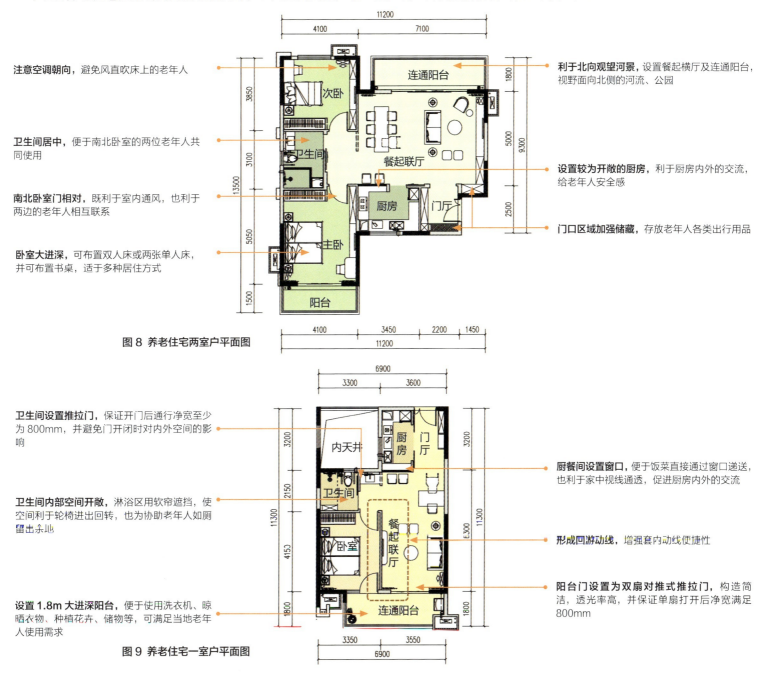

注意空调朝向，避免风直吹床上的老年人

卫生间居中，便于南北卧室的两位老年人共同使用

南北卧室门相对，既利于室内通风，也利于两边的老年人相互联系

卧室大进深，可布置双人床或两张单人床，并可布置书桌，适于多种居住方式

利于北向观望河景，设置餐起横厅及连通阳台，视野面向北侧的河流、公园

设置较为开敞的厨房，利于厨房内外的交流，给老年人安全感

门口区域加强储藏，存放老年人各类出行用品

图8 养老住宅两室户平面图

卫生间设置推拉门，保证开门后通行净宽至少为800mm，并避免门开闭时对内外空间的影响

卫生间内部空间开敞，淋浴区用软帘遮挡，使空间利于轮椅进出回转，也为协助老年人如厕留出余地

设置1.8m大进深阳台，便于使用洗衣机、晾晒衣物、种植花卉、储物等，可满足当地老年人使用需求

厨餐间设置窗口，便于饭菜直接通过窗口递送，也利于家中视线通透，促进厨房内外的交流

形成回游动线，增强套内动线便捷性

阳台门设置为双扇对推式推拉门，构造简洁，透光率高，并保证单扇打开后净宽满足800mm

图9 养老住宅一室户平面图

175

景观设计特色①

景观活动场地分为三个层级

广西南宁 | 芳华里养老社区

▶ 景观划分为集体共享公园、内部共享场地及楼栋宅前花园

本项目养老社区配置了丰富而开阔的景观活动场地,并依据场地状况及老人需求划分为三个层级(图10)。各层级及其作用如下:

层级1——集体共享公园
利用养老住宅北侧的公共绿地设置老少皆宜的公园,供周边社区共同使用,满足老年人日常活动需求的同时,加强老年人与周边居民的联系

层级2——内部共享场地
在养老住宅楼栋围合的中心区域设置内部共享的活动场地

层级3——楼栋宅前花园
在3栋养老住宅楼前分别设置小型花园,增强各楼栋老年人对于花园的专属感,方便老年人就近活动

图10 三级景观场地设置图

▶ 功能紧凑丰富的楼栋宅前花园

各楼栋单元前的花园过去常见的做法是将每个花园单独设置为一种功能,例如这个单元宅前是种植园,那个单元宅前是健身场等,老年人想参加其中的活动还要前往其他楼栋的宅前花园,天气不佳或老年人身体不适时尤为不便,且不利于形成老年人对于宅前花园的专属感。

因此,本项目各宅前花园均考虑了功能的丰富性,使每个宅前花园虽小但具有多样化的功能,可满足老年人平日就近自己楼栋活动的需求。宅前花园设置内容包括休息座椅、少量健身器材、棋牌桌、步道、绿植等(图11、图12)。

图11 宅前花园平面图

图12 各宅前花园均包含休息、健身、种植等日常功能

景观设计特色②
风雨连廊南北贯通

▶ **风雨连廊连接各主要楼栋及场地节点**

为了保障老年人出行的安全和便利，尤其是避免日晒雨淋等恶劣天气的影响，本项目的室外活动场地设置贯通南北的风雨连廊。风雨连廊的设置原则如下：

①"无缝式"衔接

风雨连廊从社区主入口开始，连接养老住宅各楼栋，并串联各层级室外活动场地，保证主要楼栋及室外场地节点的连通性，避免出现"断桥"，确保老年人雨雪天气出行的方便安全（图13）。

②设置景观节点

风雨连廊结合社区入口、楼栋入口、主要活动场地等位置设置景观节点，并适当放大或围合，形成能够遮风避雨的活动和休息空间（图14）。

③与绿植、休息座椅相结合

具体设计要点如下（图15）：

图13 风雨连廊设置示意图

图14 风雨连廊从院区入口连接到各楼栋单元入户

- 风雨连廊与植物配置结合，使老年人更容易亲近植物
- 木质顶棚与玻璃顶棚穿插设计，既遮蔽雨雪，又可提供一定的采光
- 廊道边缘用重色的铺地材质清晰地区分、界定空间，防止老年人踩入泥土中崴脚
- 风雨连廊中每隔一段距离，尤其是出入口附近设置休息座椅

图15 风雨连廊设计要点分析

景观设计特色 ③

公共花园让儿童与老人共享

广西南宁 | 芳华里养老社区

▶ 公共花园满足多种人群使用需求

为了满足周边社区不同人群的使用需求，促进老年人与其他居民的交流，公共花园配置了适老、适幼多样化的功能（图16、图17）。

图16 公园总平面图

图17 公园鸟瞰图

▶ 设置可供老人与儿童共享的活动区域

儿童可以增加养老社区的活力，应促进儿童多来看望、陪伴老年人，使老年人有更多机会与儿童共同嬉戏活动。

本项目在面向河流的开阔草坪上设置了集中的儿童游乐设施，并与其旁边的风雨连廊、瞭望台结合，形成老年人与儿童共享的活动区域（图18、图19）。

儿童活动区周边的老年人休息区分为三个层级设置：
1. **近距离**：老年人可直接、便捷地照看儿童；
2. **中距离**：老年人有相对独立的休息空间，既可看到儿童，也避免过于受其打扰；
3. **远距离**：便于老年人观望更多方向。

儿童活动区两侧均有通道，形成多方向的循环动线，利于儿童追逐奔跑

图18 公园中的儿童活动场地

图19 儿童活动场地周边休息空间分析

景观设计特色④
跳舞广场注重朝向与流线设计

▶ **跳舞广场的适老化设计要点**

老年人集体活动时可能会播放音乐，为避免声音干扰到其他人群，跳舞广场在布位时注意与南北侧的居住楼栋留出一定距离，设置在了公园中部。

另外，为了避免车流接近或穿行时带来安全隐患，以及车辆噪声和尾气对老年人活动产生影响，跳舞广场也与车行道路保持一定距离，并在二者之间利用廊道和树木进行了分隔。

跳舞广场在功能配置、周边环境设计上的适老化要点如下（图20）：

领操区布置在跳舞广场北侧：
跳舞、做操等活动主要集中在早上和傍晚，光线是从东西方向射来，领操区布置在北侧，跳舞的老年人们面向北侧，能够避免东西方向的光线直射眼睛

跳舞场地整体呈圆形或扁长形：
一般老年人会面对领操区横向排开，以便看清领操员

提供遮阳、避风条件：
利用树木和周边的连廊提供夏季遮阳、冬季避风条件，保证老年人集体活动的舒适，并使广场具有围合感

周边连廊可供观望跳舞活动的人群使用：
其他人群可在跳舞广场周边设置连廊，满足老年人在跳舞活动中的休息和观望需求

设置多方向的出入欣赏跳舞活动：
便于老年人从多方向出入，并在经过时观望跳舞广场

就近设置休息座椅：
方便老年人在活动中间休息，也提供了在场地周边观看演出的条件

附设配套小广场：
可作为老年人跳舞前的准备、集散、闲谈的场所，也可用于人数少的小组活动，使活动形式更加丰富

图20 公园跳舞广场设计分析

景观设计特色⑤
景观活动场地附设公共卫生间

广西南宁 | 芳华里养老社区

▶ **景观活动场地公共卫生间设计分析**

调研发现，上了年纪的老年人易尿频，不少老年人因为担心活动时无处上厕所，整个活动过程甚至之前的一段时间内都不敢喝水，给身心造成了很大负担。本项目在公园的活动场地附近设置了公共卫生间，以解决老年人的后顾之忧（图21、图22）。

公共卫生间面积视场地规模及活动人数而定，一般而言不必过大，场地较小时仅分设两个男女使用的无障碍卫生间即可。本项目设置了分别含有3个厕位的男女卫生间，以及一间独立的无障碍卫生间，供社区居民和老年人使用（图23）。

图21 公园中配置公共卫生间的位置

图22 公共卫生间通过风雨连廊与园区连接

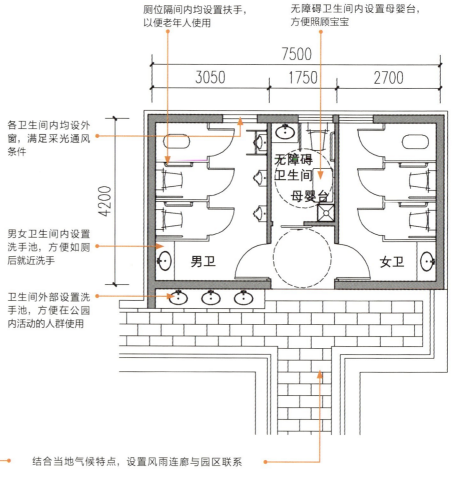

图23 公园附设的公共卫生间平面图

景观设计特色⑥
铺地材料根据使用功能进行选择

▶ **铺地材料的适老化设计**

作为老年人活动的场地，本项目在地面铺装材料的选择上首先注重安全性，综合考虑路面平坦、防滑、防眩光、耐久等设计需求，做到色彩柔和、图案简洁，与周边空间区分明确。

其次，地面铺装材料的选择与场地功能相匹配。例如，做操、跳舞等大面积活动广场及散步道采用 PC 砖、水磨石等质地坚实、耐久、防滑、易清洁的材料（图24）；健身空间、儿童活动场地采用塑胶、彩色沥青等相对柔软、有弹性的材料，以提供跌倒缓冲，避免伤害（图25、图26）。

最后，本项目地面铺装也考虑了相关荷载要求，例如消防通道及消防登高面满足消防车荷载要求。

图24 风雨连廊及休息空间连贯，采用平整的 PC 砖铺地

图25 儿童活动场地的塑胶铺地

图26 老人健身空间的塑胶铺地

▶ **小结**

芳华里养老社区在项目设计过程中始终关注如何满足健康活力老人的居住需求，以吸引这部分老年人入住。本项目通过处理与周边社区的关系，配置丰富完善的配套空间，提供适于当地老年客群使用的居住套型，以及设置内外结合的大面积景观活动场地，来提高本项目对于健康活力老人的适配度，并且在设计中注重适老化细节设计，预先考虑了老年人日后身体条件变化时所需要的无障碍要求与功能空间，并为此预留了发展余地。

图片来源：案例首页图、图3、图12、图14、图15、图18、图22、图24～图26 由开发方提供；
图1～图4、图5、图10、图11、图13、图16、图17、图19～图21 由景观设计方提供；
其他图片来自周燕珉工作室。

图书在版编目（CIP）数据

养老建筑设计实例分析.国内篇 = Case Studies on Architecture Design for the Aged: Domestic Volume / 周燕珉等编著. -- 北京：中国建筑工业出版社，2024.8. -- ISBN 978-7-112-30149-2

Ⅰ.TU241.93

中国国家版本馆 CIP 数据核字第 2024DM1088 号

责任编辑：费海玲　焦　阳
责任校对：芦欣甜

养老建筑设计实例分析：国内篇
Case Studies on Architecture Design for the Aged: Domestic Volume

周燕珉　李广龙　等编著

*

中国建筑工业出版社出版、发行（北京海淀三里河路9号）

各地新华书店、建筑书店经销

北京海视强森图文设计有限公司制版

北京富诚彩色印刷有限公司印刷

*

开本：787毫米×1092毫米　1/12　印张：15$\frac{1}{3}$　字数：317千字

2025年4月第一版　2025年4月第一次印刷

定价：**128.00** 元

<u>ISBN 978-7-112-30149-2</u>

（42821）

版权所有　翻印必究

如有内容及印装质量问题，请联系本社读者服务中心退换

电话：（010）58337283　QQ：2885381756

（地址：北京海淀三里河路9号中国建筑工业出版社604室　邮政编码：100037）